新一代信息软件技术丛书
成都中慧科技有限公司校企合作系列教材

周化祥 许金元◉主 编
黄毅 李俊成 刘思聪◉副主编

Java 高级程序设计

Java Advanced Programming Design

人 民 邮 电 出 版 社
北 京

图书在版编目（CIP）数据

Java高级程序设计 / 周化祥，许金元主编. -- 北京：
人民邮电出版社，2021.12
（新一代信息软件技术丛书）
ISBN 978-7-115-57002-4

Ⅰ. ①J… Ⅱ. ①周… ②许… Ⅲ. ①JAVA语言—程序
设计—教材 Ⅳ. ①TP312

中国版本图书馆CIP数据核字(2021)第148498号

内 容 提 要

本书系统地介绍了 Java 语言高级程序设计内容，主要包括集合框架、异常处理、输入/输出流、多线程、网络编程、图形用户界面程序设计、泛型、JDBC 编程、Java 8 新特性。本书所有知识点都结合具体实例进行分析，既注重理论介绍，又强调实际应用，从实用的角度精心设计知识结构和代码示例，同时每章后面配有相应习题。

本书可作为普通高等院校计算机及相关专业 Java 程序设计课程的教材，也适合程序开发人员学习使用。

◆ 主　　编　周化祥　许金元
副 主 编　黄　毅　李俊成　刘思聪
责任编辑　王海月
责任印制　陈　犇

◆ 人民邮电出版社出版发行　　北京市丰台区成寿寺路 11 号
邮编　100164　　电子邮件　315@ptpress.com.cn
网址　https://www.ptpress.com.cn
北京市艺辉印刷有限公司印刷

◆ 开本：787×1092　1/16
印张：13.75　　　　　　2021 年 12 月第 1 版
字数：398 千字　　　　　2021 年 12 月北京第 1 次印刷

定价：49.80 元

读者服务热线：(010) 81055493　印装质量热线：(010) 81055316
反盗版热线：(010) 81055315
广告经营许可证：京东市监广登字 20170147 号

编辑委员会

主　编：周化祥　许金元

副主编：黄　毅　李俊成　刘思聪

编写组成员：唐吉辉　薛玉花　卞继海　侯仕平

前言 FOREWORD

本书以案例教学为引导，深入浅出、图文并茂，体现了“教、学、做一体化”的思想，方便读者快速上手，着重培养读者的动手能力。每个章节配有大量案例应用，以培养能力为目的，抛开了难懂的理论化内容，强调实际操作，使读者可以快速上手。另外，本书内容反映了 Java 和软件技术的新进展，本书使用 Java SE 8.0,书中很多内容（如泛型、自动装箱和自动拆箱）都是 Java SE 5.0 以后才出现的。全书共分 9 章。

第 1 章：集合框架，介绍了 Java 集合框架的常用接口及其实现类。

第 2 章：异常处理，主要讲解了 Java 异常的基本概念、异常处理流程，以及自定义异常的方法。

第 3 章：输入/输出流，介绍了 Java 中的输入输出流、字符字节流，以及包装流的使用。

第 4 章：多线程，介绍了 Java 的多线程机制、Java 多线程程序编写方法，以及同步机制。

第 5 章：网络编程，介绍了 Java 网络编程的基础知识、网络编程的特点和方法、网络编程的模型、Socket 套接字和 UDP 数据报的应用。

第 6 章：图形用户界面程序设计，包括构造简单图形界面的基本思路、布局管理器、交互与事件处理、常用 GUI 组件及鼠标键盘事件。

第 7 章：泛型，详细介绍了泛型的基本概念，包括泛型类、泛型接口、泛型方法，以及泛型通配符等。

第 8 章：JDBC 编程，详细介绍了 Java JDBC 编程的步骤、常见的驱动程序、访问数据库时遇到的 SQL 注入问题，PreparedStatement 接口、事务处理，以及 JDBC 调用存储过程的方法。

第 9 章：Java 8 新特性，详细介绍了 Java 8 的一些新增特性，包括 Lambda 表达式和函数式接口、方法引用、接口的默认方法和静态方法等。

本书的作者团队是由经验丰富的一线骨干教师组成的，他们不仅在教学中积累了丰富的 Java 教学经验，还参与了大量基于 Java 项目的开发，有着丰富的实践经验。在长期的 Java 教学中，他们总结了一套行之有效的教学方法，并将这套教学方法的精髓以及在开发过程和教学过程中积累的丰富素材融入本书中。

本书配备了丰富的教学资源，包括教学课件、教学视频、习题答案和源代码，读者可通过访问 https://exl.ptpress.cn:8442/ex/l/6bf09fb4，或扫描下方二维码免费获取相关资源。

由于编者水平有限，书中难免有不妥和疏漏之处，恳请读者批评指正。

编者

2021 年 6 月

目录 CONTENTS

第1章

第2章

第3章

第 4 章

第 5 章

第 6 章

第 7 章

第 8 章

第 9 章

第 1 章 集合框架

01

内容导学

Java 语言集合类是将 Java 语言中一些基本的和使用频率极高的基础类进行封装和增强后，再以一个类的形式呈现出来。集合类是可以保存多个对象的类，存放的是对象，本章将介绍不同的集合类的功能和特点，以及适合的场合。此外，还会介绍一个与集合密切相关的接口 Map，以及它的实现类。

学习目标

① 掌握 Java 语言中集合类的基本概念。
② 掌握 Collection 接口。
③ 掌握 Set 接口及实现类。
④ 掌握 List 接口及实现类。
⑤ 掌握集合的遍历方法。
⑥ Map 接口及其实现类。

1.1 Java 语言中的集合类

Java 语言为一组对象的处理提供了一套完整的，从接口到抽象类，再到实现类的体系结构，通常称作集合框架。本章将学习 Java 语言中的集合类，包括集合概述和 Java 语言中集合框架的层次结构。学习集合框架的 Collection 接口，以及它的子接口 List 和 Set，还会学习它们的实现类的特点和适用场景。

1.1.1 集合概述

Java 数组的长度是固定的，在同一个数组中只能存放相同类型的数据。数组可以存放基本类型的数据，也可以存放引用类型的数据。在创建 Java 数组时，必须明确指定数组的长度，数组一旦创建，其长度就不能被改变。在许多应用场合，一组数据的数目不是固定的，比如一个单位的员工数目是变化的，有新的员工入职，也有老的员工离职。并且在使用数组进行一些操作的时候效率比较低，例如要删除数组中的某个元素，需要把后面的元素都向前移动。

为了使程序能方便地存储和操作数目不固定的一组数据，JDK（Java Development Kit）提供了 Java 集合，所有 Java 集合类都位于 java.util 包中。Java 语言中集合类是用来存放对象的，集合相当于一个容器，里面包容着一组对象，其中的每个对象作为集合的一个元素出现。与 Java 数组不同，Java 集合中不能存放基本数据类型，而只能存放对象的引用。Java 数组与集合的区别主要有以下两点。

（1）数组也是容器，它是定长的，访问较快，但是数组不会自动扩充。

（2）数组可以包含基本数据类型或引用类型的对象，而集合中只能包含引用类型的对象。

如图 1-1 所示，Java 集合主要分为以下 3 种类型。

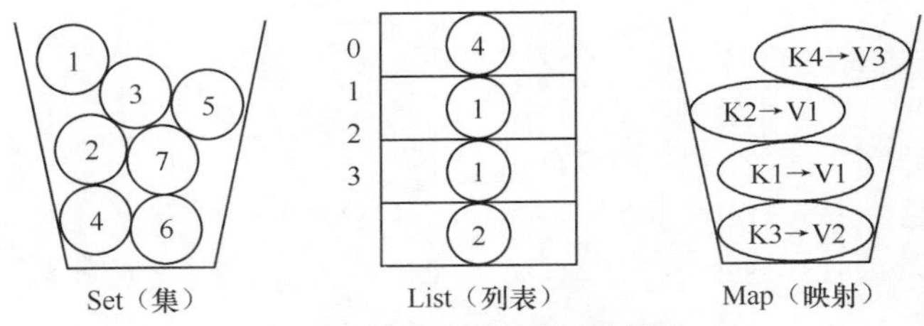

图 1-1　Java 集合中的 3 种类型

Set（集）：集合中的对象不按特定方式排序，并且没有重复对象。有些实现类能将集合中的对象按特定方式排序。

List（列表）：集合中的对象按照索引位置排序，可以有重复对象，允许按照对象在集合中的索引位置检索对象。List 与数组有些相似。

Map（映射）：集合中的每一个元素包含一对键对象和值对象，集合中没有重复的键对象，值对象可以重复。它的有些实现类能对集合中的键对象进行排序。

Set、List 和 Map 统称为 Java 集合，其中，Set 与数学中的集合最接近，两者都不允许包含重复元素。

1.1.2　Java 集合框架的层次结构

Java 集合框架为我们提供了处理一组对象的标准方式，这些标准在集合框架中被设计为一系列的接口。同时，集合框架还提供了这些接口的实现类。图 1-2 所示是 Java 集合框架的层次结构，其中虚线表示的是接口，实线表示的是类。

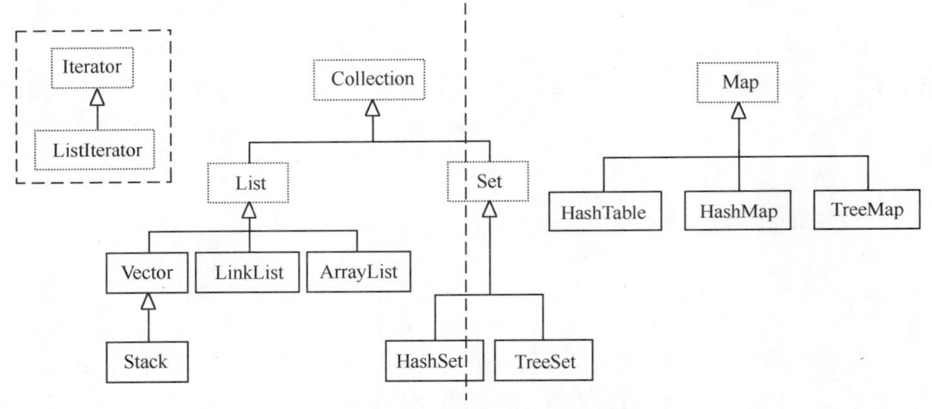

图 1-2　Java 集合框架的层次结构

上图中主要列出了集合框架的接口和实现类，具体内容如下。

（1）Collection 接口：List 接口和 Set 接口的父接口。

（2）List 接口：组织有序数据，元素之间有相对位置。

（3）Set 接口：组织无序数据，元素之间没有先后顺序。

（4）Map 接口：组织映射数据，表示很多数据，每个数据都会包含两部分，一部分是数据，另一部分是键，每个数据称为键/值对（Key/Value）。

接口下面是实际要使用的类，这些类比较多，也是需要重点掌握的，在后面会详细介绍。

1.2 Collection 接口

集合框架的最顶层接口是 Collection，表示一个集合。因为是接口，所以主要考虑它的方法，这个接口中定义的方法是所有实现该接口的类都应该实现的。

图 1-3 是 Collection 接口的类图，图中列出了其子接口和实现类，以及接口中的常用方法。

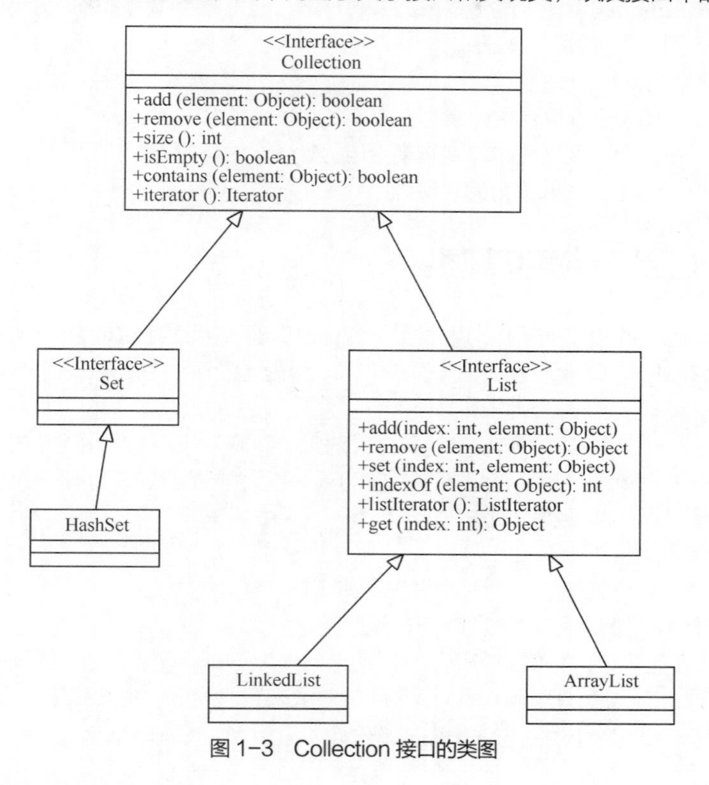

图 1-3 Collection 接口的类图

Collection 接口的主要方法如下。

（1）向集合中添加元素。

可以添加一个元素，也可以添加多个元素，添加多个元素是把另外一个集合的元素添加进来。下面是添加元素的两种方法。

public boolean add(Object o)，向集合中添加参数指定的元素。

public boolean addAll(Collection c)，向集合中添加参数指定的所有元素。

（2）从集合中删除元素。

可以删除一个元素，也可以删除多个元素，还可以删除所有元素。此外，还有一个特殊的方法，用来删除某些元素之外的所有元素，所以对应的方法也有 4 个。

public boolean remove(Object o)，删除指定的某个元素。

public boolean removeAll(Collection c)，删除指定的所有元素。

public void clear()，删除所有元素。

public boolean retainAll(Collection c)，只保留指定集合中存在的元素，其他的都删除，相当于取两个集合的交集。

（3）判断集合中的元素。

public boolean isEmpty()，用于判断集合是否是空的。

public boolean contains(Object o)，判断集合是否包含指定的元素。

public boolean containsAll(Collection c)，判断集合是否包含指定的所有元素。

（4）与其他类型的对象进行转换。

public Iterator iterator()，转换成迭代器，方便集合中元素的遍历。

public Object[] toArray()，返回一个包含所有元素的对象数组，方便集合中元素的遍历。

通常，在管理集合的过程中使用集合本身提供的方法，但是遍历集合时最好先转换成迭代器或者数组，这样比较方便访问，并且效率比较高。

（5）比较通用的方法。

public int size()，用于获取集合中元素的个数。

public boolean equals(Object o)，判断是否与另外一个对象相同。

public int hashCode()，返回集合的哈希码。

1.3 Set 接口及其实现类

Set 接口是 Collection 接口的子接口，表示集合，对实现该接口的对象有一个要求，就是集合中的元素不允许重复，该接口与 Collection 接口基本一致，方法与 Collection 完全相同。Set 接口的实现类有如下两个。

（1）HashSet——HashSet 的特性在于其内部对象的散列存取，即采用哈希技术。

（2）TreeSet——TreeSet 存入的顺序与存储的顺序不同，存储是按照排序存储的。

下面分别来介绍这两个实现类的用法。

1. HashSet 类

HashSet 是实现 Set 接口的一个类，具有以下特点。

（1）不能保证元素的排列顺序，顺序有可能发生变化。

（2）HashSet 不是同步的，如果多个线程同时访问一个 Set，只要有一个线程修改 Set 中的值，就必须进行同步处理，通常通过同步封装这个 Set 的对象来完成同步，如果不存在这样的对象，可以使用 Collections.synchronizedSet()方法来完成。例如，Set s = Collections.synchronizedSet(new HashSet(...))。

（3）元素值可以是 null。

主要方法如下。

（1）构造方法。

提供了 4 种构造方法，如下。

① public HashSet();

② public HashSet(Collection<? extends E> c);

③ public HashSet(int initialCapacity);

④ public HashSet(int initialCapacity,float loadFactor);

第一种方法是创建初始化大小为 16、加载因子为 0.75 的默认实例，第二种方法是以已经存在的集合对象中的元素为基础创建新的 HashSet 实例，第三种方法根据指定的初始化空间大小创建实例，第四种方法在创建实例时不仅指出了初始化大小空间，还指出了加载因子。

下面的例子分别采用了 4 种方法来创建 HashSet 对象。

```
HashSet<String> set1 = new HashSet<String>();
    set1.add("元素 1");
    set1.add("元素 2");
HashSet<String> set2 = new HashSet<String>(set1);
```

```
HashSet<String> set3 = new HashSet<String>(10);
HashSet<String> set4 = new HashSet<String>(10,0.8f);
```

（2）添加元素的方法。

可以添加一个，也可以添加多个元素，添加多个元素就是把另外一个集合的元素添加进来。下面是添加元素的两种方法。

① public boolean add(Object o)，向集合中添加参数指定的元素。

② public boolean addAll(Collection c)，向集合中添加参数指定的所有元素。例如，

```
set3.add("元素 5");
set3.add("元素 6");
set1.addAll(set3);
set1.add("元素 3");
```

添加元素后，set1 集合中的元素为：元素 1、元素 2、元素 3、元素 5 和元素 6。

（3）删除元素。

可以删除一个元素，也可以删除多个元素，还可以删除所有的元素。此外，还有一种特殊的方法，可以删除某些元素之外的所有元素，所以对应的方法也有 4 种。

① public boolean remove(Object o)，删除指定的某个元素。

② public boolean removeAll(Collection c)，删除指定的多个元素。

③ public void clear()，删除所有的元素。

④ public boolean retainAll(Collection c)，只保留指定集合中存在的元素，其他元素都删除，相当于取两个集合的交集。

下面的代码展示了具体用法。

```
set1.remove("元素 3");
set1.remove(set2);
```

第一种方法删除了元素 3，第二种方法删除了 set2 中的元素，包括元素 1 和元素 2，删除之后集合中剩下的元素为：元素 1、元素 2、元素 5 和元素 6。

（4）查找元素。

HashSet 提供了判断元素是否存在的方法。

方法定义如下。

```
public boolean contains(Object o)
```

如果包含元素则返回 true；否则返回 false。

（5）判断集合是否为空。

方法定义如下。

```
public boolean isEmpty()
```

如果集合为空则返回 true；否则返回 false。

（6）遍历集合。

HashSet 提供了两种遍历集合的方法，如下。

① public Iterator iterator()，转换成迭代器，方便集合中元素的遍历。

② public Object[] toArray()，转换成集合，也是方便集合中元素的遍历。

下面是对 HashSet 进行遍历的两种方法。

方法一　得到迭代器对象

```
Iterator i = set1.iterator();
while(i.hasNext()){
	String temp = (String)i.next();
```

```
        System.out.println(temp);
}
```

方法二　转换成数组

```
Object o[] = set1.toArray();
for(int i=0;i<o.length;i++){
    System.out.println((String)o[i]);
}
```

2. TreeSet 类

前面介绍的 Set 接口中的元素是没有顺序的，SortedSet 继承了 Set 接口，但是 SortedSet 中的元素是按照升序排列的。排列的顺序既可以依据元素的自然顺序，又可以按照创建 SortedSort 时指定的 Comparator 对象。所有插入 SortedSet 中的元素必须实现 Comparator，实现了该接口的类只有 TreeSet 类。

主要方法如下。

（1）第一类方法，得到相关的 Comparator 对象。

public Comparator comparator()，返回相关的 comparator 对象，如果按照自然排序，返回 null。

（2）第二类方法，获取子集。

① public SortedSet subSet(Object fromElement,Object toElement)，获取从 fromElement 到 toElement 的元素，包含 fromElement，不包含 toElement。

② public SortedSet headSet(Object toElement)，获取从开头到 toElement 的所有元素，不包含 toElement。

③ public SortedSet tailSet(Object fromElement)，获取从 fromElement 开始到结束的所有元素，包含 fromElement。

（3）第三类方法，获取元素。

① public Object first()，获取第一个元素。

② public Object last()，获取最后一个元素。

【例 1-1】HashSet 使用练习。

```
import java.util.HashSet;
import java.util.Set;
public class SetDemo {
    public static void main(String args[]) {
        /*
         * HashSet
         * 元素是无序的，不允许重复的
         * 按照 HashCode()来存储
         */
        HashSet s = new HashSet<String>();
        s.add("one");
        s.add("two");
        s.add(3);//JDK1.5 后的新特性，不用创建包装类就可以直接传值
        s.add(new Float(4.0F));
        s.add("two");
        System.out.println(s);
    }
```

```
}
```

程序运行结果如下。

```
[4.0, 3, one, two]
```

程序说明：本例创建了一个 HashSet 对象 s，HashSet 元素是无序的、不允许重复的，按照 HashCode()进行存储。然后向 s 中存入 4 个对象，JDK1.5 后的新特性，不用创建包装类就可以直接传值。

1.4 List 接口及其实现类

List 接口继承了 Collection 接口，用来包含一个有序、可以重复的对象。List 接口中的元素都对应一个整数型的序号，记载其在容器中的位置，可以根据序号存取容器中的元素。List 就是通常所说的列表，是一种特殊的集合，集合中的元素是有顺序的，所以多了一些与顺序相关的方法。这里只介绍增加的方法。

（1）在指定的位置上添加元素。

① public void add(int index,Object o)，第一个参数表示要添加的元素的位置，从 0 开始。

② public boolean addAll(int index,Collection c)，第一个参数表示位置，如果不指定位置，默认在最后添加元素。

（2）删除指定位置的元素。

public Object remove(int index)，参数用于指定要删除的元素的位置。

（3）获取某个元素或者获取某些元素。

① public Object get(int index)，获取指定位置的元素。

② public List subList(int fromIndex,int toIndex)，获取从索引位置 fromIndex 到 toIndex 的元素，包括 fromIndex，不包括 toIndex。

（4）查找某个元素。

① public int indexOf(Object o)，查找元素在集合中第一次出现的位置，并返回位置信息，如果返回值为-1，表示没有找到这个元素。

② public int lastIndexOf(Object o)，查找元素在集合中最后一次出现的位置。

（5）修改元素。

public Object set(int index,Object o)，用第二个参数指定的元素替换第一个参数指定位置上的元素。

（6）转换成有顺序的迭代器。

① public ListIterator listIterator()，把所有元素都转换成有顺序的迭代器。

② public ListIterator listIterator(int index)，将从 index 开始的所有元素进行转换。

List 与 Set 相比，主要增加了元素之间的顺序关系，并且允许元素重复。List 有 3 种主要的集合实现类。

（1）ArrayList。

（2）LinkedList。

（3）Vector。

下面介绍两种常用的集合实现类。

1. ArrayList

ArrayList 是一种动态数组，它是 java.util 包中的一个类。原则上所有的对象都可以加入 ArrayList 中，但为了使用方便，一般可以通过泛型（<dataType>）限定加入 ArrayList 中的元素类型，以保证加入的都是相同类型的元素。

该类的构造方法有 3 种。

（1）ArrayList()，构造一个初始化为 10 的空的列表。

（2）ArrayList(Collection<? extends E> c)，使用一个已经存在的集合构造一个列表，集合中的元素在新的列表中的顺序由集合的 iterator 方法决定。

（3）ArrayList(int initialCapacity)，构造一个由参数指定初始化空间大小的列表。

下面的代码分别展示了 3 种用法。

```
ArrayList<String> list1 = new ArrayList<String>();
    list1.add("user1");
    list1.add("user2");
ArrayList<String> list2 = new ArrayList<String>(list1);
ArrayList<String> list3 = new ArrayList<String>(8);
```

其中，list2 使用 list1 中的元素进行初始化。注意，在使用 ArrayList 的时候应该是指定元素的类型。这里使用了泛型，泛型的使用方法将会在第 7 章做详细介绍。

其他的主要方法如下。

（1）向集合中添加元素。

可以在末尾添加，也可以在指定的位置添加元素。可以添加一个，也可以添加多个，添加多个也就是把另外一个集合的元素添加进来。

① public void add(int index,Object o)，第一个参数表示要添加的元素的位置，从 0 开始。

② public boolean addAll(int index,Collection c)，第一个参数表示位置，如果不指定位置，默认在最后添加。

③ public boolean add(Object o)，在链表的末尾添加参数指定的元素。

④ public boolean addAll(Collection c)，在链表的末尾添加参数指定的所有元素。

下面的代码展示了这些方法的应用。

```
list1.add("user3");
list1.addAll(list2);
list1.add(0,"user0");
```

运行后集合中的元素为：user0、user1、user2、user3、user1 和 user2。

（2）删除元素。

可以删除一个、多个或所有的元素。此外，还可以删除某些元素之外的所有元素。

① public boolean remove(Object o)，删除指定的某个元素。

② public boolean removeAll(Collection c)，删除指定的多个元素。

③ public void clear()，删除所有的元素。

④ public boolean retainAll(Collection c)，只保留指定集合中存在的元素，其他元素都删除，相当于取两个集合的交集。

⑤ public Object remove(int index)，参数用于指定要删除的元素的位置。

下面的代码删除了元素 user1。

```
list1.remove("user1");
```

注意

这里只删除了第一个出现的 user1。

（3）获取元素。

可以获取指定位置的单个元素，也可以获取某些位置的多个元素。

① public Object get(int index)，获取指定位置的元素。

② public List subList(int fromIndex,int toIndex)，获取从索引位置 fromIndex 到 toIndex 的元素，

包括 fromIndex，不包括 toIndex。

要获取第三个元素可以使用下面的代码。

```
String str = list1.get(2);
```

结果是：user3。

当前集合中的元素为：user0、user2、user3、user1 和 user2。

（4）查找元素。

可以根据位置查找集合中的元素，也可以判断集合中是否有指定的元素、是否为空以及获取集合中元素的个数等。

① public int indexOf(Object o)，查找元素在集合中第一次出现的位置，并返回这个位置，如果返回值为-1，表示没有找到这个元素。

② public int lastIndexOf(Object o)，查找元素在集合中最后一次出现的位置。

③ public boolean isEmpty()，用于判断集合是否为空。

④ public boolean contains(Object o)，判断是否包含指定的元素。

⑤ public boolean containsAll(Collection c)，判断是否包含指定的多个元素。

⑥ public int size()，用于获取集合中元素的个数。

下面的代码用于查找 user1 第一次出现和第二次出现的位置。

```
System.out.println(list1.indexOf("user2"));
System.out.println(list1.lastIndexOf("user2"));
```

得到的结果是：

```
1
4
```

当前集合中的元素为：user0、user2、 user3、 user1 和 user2。

（5）修改元素。

public Object set(int index,Object o)，用第二个参数指定的元素替换第一个参数指定位置上的元素。

下面的代码把第二个元素修改 user4。

```
list1.set(1,"user4");
```

集合中原来的元素：user0, user2, user3, user1, user2。

修改后集合中的元素为：user0, user4, user3, user1, user2。

（6）类型转换。

① public ListIterator listIterator()，把所有元素都转换成有顺序的迭代器。

② public ListIterator listIterator(int index)，将从 index 开始的所有元素进行转换。

③ public Iterator iterator()，转换成迭代器，方便集合中元素的遍历。

④ public Object[] toArray()，转换成集合，方便集合中元素的遍历。

可以采用下面 3 种方法进行遍历。

方法一：

```
for(int i=0;i<list1.size();i++){
      System.out.println(list1.get(i));
}
```

方法二：

```
Object o[] = list1.toArray();
for(int i=0;i<o.length;i++){
      String temp = (String)o[i];
      System.out.println(temp);
```

```
}
```

方法三:

```
Iterator<String> i = list1.iterator();
while(i.hasNext()){
        String temp = i.next();
        System.out.println(temp);
}
```

【例 1-2】ArrayList 的使用。

```
import java.util.ArrayList;
import java.util.Iterator;
import java.util.List;
public class ListDemo {
        public static void main(String args[]) {
                List li = new ArrayList();
                li.add("one");
                li.add("two");
                li.add(3);
                li.add(new Float(4.0F));
                li.add("two");
                li.add(new Integer(3));
                System.out.println(li);
        }
}
```

程序运行结果如下。

```
[one, two, 3, 4.0, two, 3]
```

程序说明：本例创建了一个 ArrayList 对象 li，然后向 li 中添加了几个元素，再输出其中的元素，本例向 List 集合中添加基本类型时先创建了基本类型的包装类，再添加到集合中。

【例 1-3】求 ArrayList 集合中的最大元素、最小元素，以及 ArrayList 元素的排序。

```
public class CollectionsDemo {
        public static void main(String args[]) {
                List li = new ArrayList();
                li.add("apple");
                li.add("pear");
                li.add("banana");
                li.add("grape");
                //获取集合中最大和最小的元素
                String max = (String) Collections.max(li);
                String min = (String) Collections.min(li);
                System.out.println("集合中的最大元素是" + max);
                System.out.println("集合中的最小元素是" + min);
                //对 li 进行排序
                Collections.sort(li);
                System.out.println(li);
```

```
        }
}
```

程序运行结果如下。

```
集合中的最大元素是 pear
集合中的最小元素是 apple
[apple, banana, grape, pear]
```

程序说明：本例使用 Collections 集合类的 max()和 min()方法求 List 集合中的最大元素和最小元素。

2. Vector 类

Vector 类的用法与 ArrayList 类似，会随着元素的变化调整自身的容量，构造方法如下所示。

（1）public Vector()，默认的构造方法，用于创建一个空的数组。

（2）public Vector(Collection c)，根据指定的集合创建数组。

（3）public Vector(int initialCapatity)，指定数组的初始大小。

（4）public Vector(int initialCapacity,int increment)，指定数组的初始大小，并指定每次增加的容量。

1.5 Iterator 接口

Iterator 对象称作迭代器，用来方便地实现对容器内的元素进行遍历的操作。所有实现了 Collection 接口的集合类都有一个 iterator()方法，返回一个实现了 Iterator 接口的对象。Iterator 对象实现了一个统一的用来遍历 Collection 中对象的方法。Iterator 是为遍历而设计的，能够从集合中取出元素和删除元素，但是没有添加元素的功能。Iterator 的功能比较简单，在使用中，只能单向移动。Iterator 接口及其子接口 ListIterator 的主要方法如图 1-4 所示。

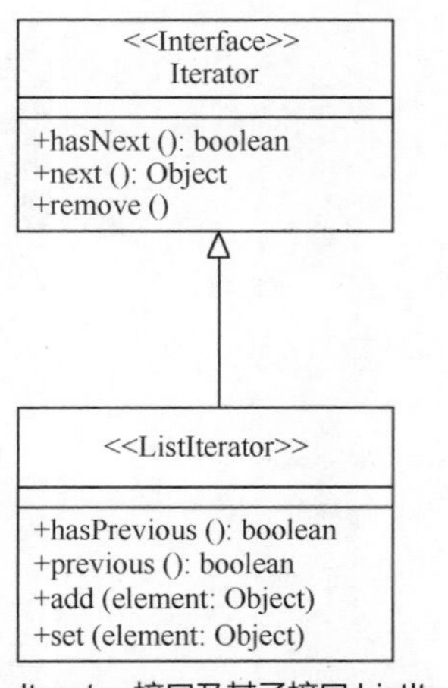

图 1-4 Iterator 接口及其子接口 ListIterator

Iterator 接口的定义如下。

```
package java.util;
public interface Iterator {
    boolean hasNext();
    Object next();
    void remove();
}
```

定义中的 3 种方法的作用如下。

（1）hasNext()，用于判断是否有下一个元素，如果有，返回值为 true；否则返回值为 false。

（2）next()，用于得到下一个元素，返回值是 Object 类型，需要强制转换成自己需要的类型。

（3）remove()，用于删除元素，在实现这个接口的时候是可选的。

关于迭代器的使用，通常是在得到它之后，对它进行遍历。

【例 1-4】使用 for-each 与迭代器循环遍历 ArrayList。

```
public class EnhanceFor {
    public static void main(String args[]){
        //遍历集合中的每一个元素
        List<Integer> li = new ArrayList<Integer>();
        for(int i=0;i<5;i++){
            li.add(i);
```

```
        }
        for(Integer num:li){
            System.out.print(num+" ");
        }
        System.out.println();
        for(Iterator<Integer> it=li.iterator();it.hasNext();){
            Integer num = (Integer)it.next();
            System.out.print(num+" ");
        }
        System.out.println();
        //遍历数组中的每个元素
        int[] arr = new int[5];
        for(int i=0;i<arr.length;i++){
            arr[i] = i+5;
        }
        for(int n:arr){
            System.out.print(n+" ");
        }
        System.out.println();
        for(int i=0;i<arr.length;i++){
            int n = arr[i];
            System.out.print(n+" ");
        }
    }
}
```

程序运行结果如下。

```
0 1 2 3 4
0 1 2 3 4
5 6 7 8 9
5 6 7 8 9
```

程序说明：本例演示了集合和数组元素的遍历方式，程序使用 for-each 和迭代器来遍历集合中的元素。

【例 1-5】将信息（“Monday”“Tuesday”“Wednesday”“Thursday”“Friday” 5 个字符串）存储到 Vector 对象中，然后通过迭代器对这个对象进行遍历。

```
import java.util.Vector;
import java.util.Iterator;
public class IteratorTest {
    public static void main(String[] args) {
        // 定义一个向量
        Vector v = new Vector();
        String[] weeks = { "Monday", "Tuesday", "Wednesday", "Thursday", "Friday" };
        // 通过循环向向量添加 5 个元素
        for (int i = 0; i <weeks.length; i++) {
            v.add(weeks[i]);
```

```
            }
            // 把 Vector 对象转换成迭代器对象
            Iterator i = v.iterator();
            // 通过迭代器对象对 Vector 元素进行遍历
            while (i.hasNext()) {
                String s = (String) i.next();
                System.out.println(s);
            }
        }
    }
```

程序运行结果如下。

```
Monday
Tuesday
Wednesday
Thursday
Friday
```

程序说明：本例演示了 Vector 向量和迭代器的用法，程序定义了一个字符串数组，然后创建了一个 Vector 向量，通过循环将数组中的元素存放到向量中，最后将 Vector 转换成迭代器，通过迭代器对象对 Vector 元素进行遍历。

【例 1-6】使用迭代器遍历 HashSet。

```
import java.util.HashSet;
import java.util.Iterator;
public class IteractorDemo {
    public static void main(String args[]) {
        HashSet<Integer> set = new HashSet<Integer>();
            for (int i = 1; i < 6; i++) {
            set.add(new Integer(i));
        }
        //获得迭代器
        Iterator<Integer> it = set.iterator();
        //循环遍历
        System.out.println("迭代器遍历");
        while(it.hasNext()){
            Integer j = (Integer)it.next();
            System.out.println(j);
            //it.remove();
            //it.remove();
        }
         System.out.println("输出 Hashset");
         System.out.println(set);
    }
}
```

程序运行结果如下。

```
迭代器遍历
1
2
3
4
5
输出 Hashset
[1, 2, 3, 4, 5]
```

程序说明：本例演示了 HashSet 和迭代器的用法，程序定义了 HashSet，然后创建了一个 HashSet 对象，再将 HashSet 转换成迭代器，通过迭代器对象对 HashSet 元素进行遍历。

【例 1-7】使用 ListIterator 遍历 ArrayList 数组元素。

```
import java.util.ArrayList;
import java.util.ListIterator;
public class ListIteratorDemo {
    public static void main(String args[]){
        ArrayList li = new ArrayList();
        for(int i=1;i<6;i++){
            li.add(new Integer(i));
        }
        ListIterator lit = li.listIterator();
        /*在 1 和 2 之间插入 6*/
        System.out.println(lit.nextIndex());
        lit.next();
        lit.add(new Integer(6));
        System.out.println(li);
        /*删除 6*/
        lit.previous();
        lit.remove();
        System.out.println(li);
        /*将元素 3 替换成字符 A*/
        lit.next();
        lit.next();
        lit.set(new Character('A'));
        System.out.println(li);
    }
}
```

程序运行结果如下。

```
0
[1, 6, 2, 3, 4, 5]
[1, 2, 3, 4, 5]
[1, 2, A, 4, 5]
```

程序说明：本程序演示了在 ArrayList 中添加元素后，将 ArrayList 转换成 ListIterator 类型进行遍历的方式。ListIterator 迭代器可以添加、移除及移动集合元素。

1.6 Map 接口及其实现类

Map 接口同样是包含多个元素的集合，Map 中存储的是成对（键/值对）的对象组（可以将一组对象当成一个元素），通过“键”对象来查询“值”对象。Map 是不同于 Collection 的另外一种集合接口。Map 的每个元素包括两个部分：键（Key）和值（Value）。同一个 Map 对象中不允许使用相同的键，但是允许使用相同的值。所以 Map 接口隐含了 3 个集合：键的集合、值的集合和映射的集合。

Map 和 List 有一些相同之处，List 中的元素是用位置确定的，元素虽然可以相同，但是位置不能相同，即不会出现某个位置有两个元素的情况，而 Map 中的元素是通过键来确定的，如果把 List 中的位置信息看成键，List 也可以是一种特殊的 Map。

与 Collection 接口相比，Map 接口中主要增加了通过键进行操作的方法，就像 List 中增加了通过位置进行操作的方法一样，具体方法如下。

（1）添加元素。

① public Object put(Object key,Object value)，第一个参数指定键，第二个参数指定值，如果键存在，则用新值覆盖原来的值，如果不存在则添加该元素。

② public void putAll(Map m)，添加所有参数指定的映射。

（2）获取元素。

public Object get(Object key)，获取指定键所对应的值，如果不存在，则返回 null。

（3）删除元素。

public Object remove(Object key)，根据指定的键删除元素，如果该元素不存在，则返回 null。

（4）与键集合、值集合和映射集合相关的操作。

① public Set entrySet()，获取映射的集合。

② public Collection values()，获取值的集合。

③ public Set keySet()，返回所有键名的集合。

这 3 个操作的返回值不同，因为 Map 中的值是允许重复的，而键是不允许重复的，当然映射也不会重复。Set 不允许重复，而 Collection 允许重复。

（5）判断是否存在指定键和值。

① public boolean containsValue(Object value)，判断是否存在值为 value 的映射。

② public boolean containsKey(Ojbect key)，判断是否存在键为 key 的映射。

Map 接口有 3 个实现类。

（1）Hashtable：主要用于存储一些映射关系。

（2）HashMap：键/值对是按照 Hash 算法存储的。

（3）TreeMap：键/值对是排序（按 key 排序）存储的。

1. Hashtable 类

Hashtable 类实现了 Map 接口，是同步的 Hash 表，Map 的键名和键值不允许为空。Hash 表主要用于存储一些映射关系。这个类比较特殊，与 Collection 中的其他类不同，首先它是同步的，然后它继承自 java.util.Dictionary 类。

Hashtable 类一个典型的应用就是在连接数据库的时候，需要提供各种参数，包括主机、端口、数据库 ID、用户名、口令等，可以把这些信息先存储在 Hash 表中，然后作为参数使用。

2. HashMap 类

HashMap 类基于 Hash 表的 Map 接口实现。该类提供了所有可选的映射操作，HashMap 键和值都可以为空。HashMap 类和 Hashtable 类基本相同，只是 HashMap 类不同步。这个类不能保证元素的顺序，特别是顺序有可能随着时间变化。

HashMap 类使用了泛型，对于 Map 类型的集合，如果采用泛型方式定义对象，则要同时指定键的类型和值的类型，用法示例如下。

```
HashMap<String,Object> user = new HashMap<String,Object>();
user.put("name","zhangsan");
user.put("sex","男");
user.put("id",135);
user.put("age",21);
```

HashMap 对象的遍历。假设 Map 是 HashMap 的对象，对 Map 进行遍历可以使用如下两种方式。

第一种：得到元素的集合，然后进行运算，元素类型是 Map.Entry。

```
//得到元素集合，然后转换成数组
Object[] o = map.entrySet().toArray();
Map.Entry x;
// 对数组进行遍历
for(int i=0;i<map.size();i++){
// 取出数组的每一个元素
x = (Map.Entry)o[i];
// 获取该元素的键
Object key = x.getKey();
//获取该元素的值
Object value = x.getValue();
}
```

第二种：先得到所有元素的键的集合，然后根据键得到每个键对应的值。

```
    // 先得到键的集合，然后转换成数组
    Object[] o = map.keySet().toArray();
    // 对数组进行遍历
    for(int i=0;i<o.length;i++){
        // 根据键得到具体的值。
        Object value = map.get(o[i]);
    }
```

【例 1-8】 HashMap 类使用练习。

```
public class HashMapDemo {
  public static void main(String args[]) {
        HashMap hm = new HashMap();
        hm.put("tom", 20);
        hm.put("john", 21);
        hm.put("jack", 20);
        hm.put("jones", 19);
        hm.put("rose", 19);
        hm.put("sun", 23);
        hm.put("tom",25);
        // 直接通过键值来取值
        String name = "tom";
        int age = (Integer) hm.get("tom");
```

```
            System.out.println(name + "的年龄是" + age);
            System.out.println();
            // 通过 Iterator 迭代出键值，再通过键值取出内容
            Set keys = hm.keySet();
            //获得键的集合
            Iterator it = keys.iterator();
            //遍历键的集合，取得每个键值
            while(it.hasNext()){
                String key = (String)it.next();
                System.out.println(key+":");
                //通过每个键值找到值
                int age1 = (Integer)hm.get(key);
                System.out.println(age1);
            }
        }
    }
```

程序运行结果如下。

```
tom 的年龄是 25
tom:
25
john:
21
rose:
19
sun:
23
Jack:
20
jones:
19
```

程序说明：HashMap 对象中存放的值，可以直接通过键值来取值，也可通过 Iterator 迭代出键值，再通过键值取出内容。

【例 1-9】HashMap 与 HashSet 的使用。

```
import java.util.HashMap;
import java.util.HashSet;
import java.util.Iterator;
import java.util.Map;
import java.util.Set;

public class AccountCustomer {
    public static void main(String args[]) {
        Map<String, Set<String>> ac = new HashMap<String, Set<String>>();
```

```
            Set<String> cus1 = new HashSet<String>();

            cus1.add("SY000005");
            cus1.add("SY000015");
            ac.put("210103198802022273", cus1);

            HashSet<String> cus2 = new HashSet<String>();
            cus2.add("DL000123");
            cus2.add("DL000321");
            ac.put("210103196802022284", cus2);

            HashSet<String> cus3 = new HashSet<String>();
            cus3.add("SH000012");
            ac.put("205103196802022284", cus3);

            Iterator<String> it = ac.keySet().iterator();
            while (it.hasNext()) {
                String customer = (String) it.next();
                HashSet<String> account = (HashSet<String>) ac.get(customer);
                //System.out.print("身份证号码是" + customer + "的用户的账户");
                /*Iterator<String> it2 = account.iterator();
                while(it2.hasNext()){
                String num = (String) it2.next();
                System.out.print(num+" ");
                }*/

                Object[] acc = account.toArray();
                System.out.print("身份证号码是" + customer + "的用户的账户");
                for (int i = 0; i < acc.length; i++) {
                    System.out.print(acc[i] + " ");
                }

                System.out.println();
            }
        }

}
```

程序运行结果如下。

```
身份号码是 210103196802022284 的用户的账户:DL000123   DL000321
身份号码是 205103196802022284 的用户的账户:SH000012
身份号码是 210103198802022273 的用户的账户:SY000005   SY000015
```

程序说明：程序中使用 HashMap 来存储账号信息，每个账号的键是用来唯一表示一个客户身份的身份证号，值是 HashSet 类型，用来存储客户的账号，客户在银行中可以开设多个账号。程序首先使用 ac.keySet().iterator()来获取所有账号信息的键，然后根据键取得每个身份证对应的值，其类型为HashSet<String>。遍历 HashSet 时，可以转换成数组遍历，也可以转换成迭代器进行遍历。

3. HashMap 类与 TreeMap 类的比较

HashMap 类与 TreeMap 类区别如下。

（1）HashMap 基于 Hash 表实现。

（2）TreeMap 基于树实现。

（3）HashMap 可以通过调优初始容量和负载因子，优化 HashMap 空间的使用。

（4）TreeMap 没有调优选项，因为该树总处于平衡状态。

（5）HashMap 性能优于 TreeMap。

【例 1-10】 HashMap 与 TreeMap 的使用。本例使用了泛型，关于泛型的详细讲解，请参考第 7 章。

```
class Emp implements Comparable<Emp> {
        public Emp() {
              this.id = 0;
        }

        public Emp(String name) {
              this.name = name;
              this.id = ++Emp.empId;
        }

        public String getName() {
              return this.name;
        }

        public int getID() {
              return this.id;
        }

        public int compareTo(Emp o) {
              return id - o.getID();
        }

        private static int empId = 0;
        private int id;
        private String name;

}

public class TestEmp {
        public static void main(String args[]) throws Exception {
              Map<Emp, Integer> m1 = new HashMap<Emp, Integer>();// hashmap
              Map<Emp, Integer> m2 = new TreeMap<Emp, Integer>();// treemap
              Emp emp1 = new Emp("张三");
```

```
            Emp emp2 = new Emp("李四");
            Emp emp3 = new Emp("王五");
            Emp emp4 = new Emp("小张");
            Emp emp5 = new Emp("小李");
            Emp emp6 = new Emp("小王");
            // Emp emp7 = new Emp("小小");
            // System.out.println(emp1.getID());
            m1.put(emp1, emp1.getID());
            m1.put(emp2, emp2.getID());
            m1.put(emp3, emp3.getID());
            m1.put(emp4, emp4.getID());
            m1.put(emp5, emp5.getID());
            m1.put(emp6, emp6.getID());
            // m1.put(emp7, emp7.getID());
            // HashMap 遍历方法
            Iterator ilter1 = m1.entrySet().iterator();
            while (ilter1.hasNext()) {
                Map.Entry entry = (Map.Entry) ilter1.next();
                Emp key = (Emp) entry.getKey();
                int value = (Integer) entry.getValue();
                System.out.println("Key:" + key.getName() + "Id:" + value);
            }
            System.out.println("******************************");
            // TreeMap 遍历方法
            m2.put(emp1, emp1.getID());
            m2.put(emp2, emp2.getID());
            m2.put(emp3, emp3.getID());
            m2.put(emp4, emp4.getID());
            m2.put(emp5, emp5.getID());
            m2.put(emp6, emp6.getID());
            Iterator ilter2 = m2.entrySet().iterator();
            while (ilter2.hasNext()) {
                Map.Entry entry = (Map.Entry) ilter2.next();
                Emp key = (Emp) entry.getKey();
                int value = (Integer) entry.getValue();
                System.out.println("Key: " + key.getName() + "Id: " + value);
            }
        }
    }
}
```

程序运行结果如下。

```
HashMap 遍历方法******************************
Key：小张 Id：4
Key：小王 Id：6
```

```
Key：张三  Id：1
Key：李四  Id：2
Key：王五  Id：3
Key：小李  Id：5
TreeMap 遍历方法******************************
Key：张三  Id：1
Key：李四  Id：2
Key：王五  Id：3
Key：小张  Id：4
Key：小李  Id：5
```

程序说明：程序中定义了一个员工类，包含员工的编号、姓名，且实现了 Comparable 接口，测试类中分别用 HashMap 与 TreeMap 两个类创建了存储员工信息的对象。

```
Map<Emp,Integer>m1=new HashMap<Emp, Integer>();//hashmap
Map<Emp, Integer>m2=new TreeMap<Emp,Integer>();//treemap
```

以上两条语句在创建员工对象时限制了其传入的对象类型。

4. HashMap 类与 HashTable 类的比较

HashMap 类与 HashTable 类区别如下。

（1）Hashtable 类是基于陈旧的 Dictionary 类的，HashMap 类是 Java 1.2 引进的 Map 接口的一个实现类。

（2）Hashtable 类是线程程序安全的，即是同步的，而 HashMap 类是线程程序不安全的，即不是同步的。

（3）HashMap 类允许将 null 作为一个接口的键或者值，而 Hashtable 类不允许。

5. 如何选择集合类

在实际应用中，集合类的选择主要依据如下几点。

（1）Set 内存放的元素不允许重复，List 存放的元素有一定的顺序。

（2）Map 主要应用在利用键/值对进行快速查询方面。

（3）ArrayList 和 LinkedList 的区别在于，ArrayList 的随机查询性能要好，但 LinkedList 的中间元素的插入与删除性能好。

（4）HashSet 和 TreeSet 的区别在于集合内元素是否排序。

1.7 本章小结

本章讲解了 Java 集合框架的基本概念，介绍了 Java 集合框架结构，Collection 接口、Set 接口、List 接口以及 Map 接口，重点介绍了 Set 接口实现类、List 接口实现类以及 Map 接口实现类的用法。

1.8 本章习题

（1）假设顺序列表 ArrayList 中存储的元素是整型数字 1~5，遍历每个元素，将每个元素顺序输出。

（2）在一个列表中存储以下元素：apple、grape、banana、pear。

（3）构造一个集合，返回集合中的最大和最小的元素，将集合进行排序，并将排序后的结果打印在控制台上。

（4）编写一个程序，创建一个 HashMap 对象，用于存储银行储户的信息（其中，储户的主要信息有储户的 ID、姓名和余额）。另外，计算并显示对象中某个储户的当前余额。

第 2 章 异常处理

02

内容导学

事实上，一个再优秀的程序员，一个再完善的应用程序都可能出现或多或少的错误。因为程序的使用者有时并不一定按照程序员的预想来使用程序，程序员永远都无法预知用户的行为，异常可能发生在程序的任何阶段。本章将介绍异常处理的常见方法，以及应用程序的调试方法，以降低异常产生的概率，并尽量避免异常的产生，从而使应用程序健壮性、容错性更强。

学习目标

① 掌握 Java 语言中异常的概念。
② 了解异常的处理机制。
③ 了解 Java 语言中的异常类。
④ 掌握 try、catch 和 finally 语句的用法。
⑤ 学会自定义异常类。

2.1 异常处理

程序中的错误可分为 3 类：编译错误、运行时错误和逻辑错误。编译错误是由于没有遵循 Java 语言的语法规则而产生的，这种错误要在编译阶段排除，否则程序无法运行。发生逻辑错误时，程序编译正常，也能运行，但结果不是人们所期待的。举一个简单的例子，如果程序要求 a 与 b 两个数的和，但因表达式写错，而求出的结果是 a 与 b 两个数的差。对于这种程序逻辑上的错误，要靠程序员对程序的逻辑进行仔细分析来加以排除。运行时错误是指程序运行过程中出现了一个不可能执行的操作。运行时错误有时也可以由逻辑错误引起。一个好的应用程序应包含大量处理异常的方法，当异常发生时会自动创建一个包含有利于问题跟踪信息的对象。异常处理的主要目的是，即使在程序运行时发生了错误，也要保证程序能正常结束，避免因错误而使正在运行的程序中途停止。程序员既可以自己创建异常类，也可以使用预定义的异常类。

2.1.1 异常的有关概念

程序运行过程中出现的非正常情况通常有两类。

错误（Error）：是致命性的，如程序运行过程中内存不足等，这种情况下程序不能恢复执行。

异常（Exception）：是非致命的，如数组下标越界、表达式的分母为 0 等。这种不正常状态可通过恰当的编程而使程序继续运行。异常有时也称为例外。

造成程序运行时错误的原因有很多，比如，越界访问数组、复制一个不可复制的对象、打开一个不存在的文件等，这些错误需要不同种类的异常来表示。因此，Java 语言中提供了丰富的定义各种异常的异常类，异常便是这些异常类的实例。所有的异常类是从 java.lang.Exception 类继承的子类。Exception 类是 Throwable 类的子类。除了 Exception 类外，Throwable 还有一个子类 Error。Java 程序通常不捕获错误。错误一般发生在严重故障时，它们在 Java 程序处理的范畴之外。例如，JVM

（Java 虚拟机）内存溢出。异常类有两个主要的子类：IOException 类和 RuntimeException 类，它们的层次关系如图 2-1 所示。

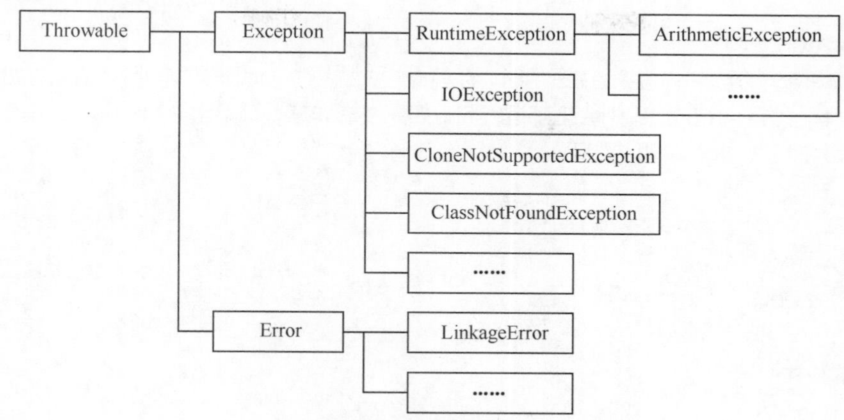

图 2-1　异常类的层次关系

图 2-1 中显示了一部分系统预定义的异常类，其中，Error 及其子类描述的是系统内部错误，这样的错误一旦产生，程序一般便没有机会再进行捕获和处理了。所以，本章阐述的异常处理只考虑另外一类异常，就是 Exception 及其子类。表 2-1 列举了一部分常见的系统预定义异常类。

表 2-1　常见的系统预定义异常类

异常类型	异常描述
ClassNotFoundException	试图使用一个不存在的类
ArrayIndexOutOfBoundsException	试图访问不存在的数组元素
FileNotFoundException	试图打开一个不存在的文件
CloneNotSupportedException	试图克隆一个没有实现 Cloneable 接口类的实例
IOException	输入无效数据、打开不存在的文件等
NullPointException	访问空引用

表 2-2 列出了 Throwable 类的主要方法。

表 2-2　Throwable 类的主要方法

序号	方法及说明
1	public String getMessage() 返回关于发生的异常的详细信息。这个消息在 Throwable 类的构造方法中初始化了
2	public Throwable getCause() 返回一个 Throwable 对象代表异常原因
3	public String toString() 使用 getMessage()的结果返回类的串级名字
4	public void printStackTrace() 打印 toString()结果和栈层次到 System.err，即错误输出流
5	public StackTraceElement [] getStackTrace() 返回一个包含堆栈层次的数组。下标为 0 的元素代表栈顶，最后一个元素代表方法调用堆栈的栈底
6	public Throwable fillInStackTrace() 用当前的调用栈层次填充 Throwable 对象栈层次，添加到栈层次任何先前信息中

2.1.2 异常处理机制

1. try-catch

将代码放到 try 代码块中，当程序运行时，会首先尝试执行 try 代码块中的所有语句，如果这些语句都没有异常，try 代码块中的代码则会全部运行完。如果发现异常，则跳出 try 代码块，进入 catch 代码块中执行。使用 try_catch 的语法如下。

```
try
{
    // 程序代码
}catch(ExceptionName e1)
{
    //catch 代码块
}
```

catch 语句包含要捕获异常类型的声明。当保护代码块中发生一个异常时，try 后面的 catch 代码块就会被检查。如果发生的异常包含在 catch 代码块中，则异常会被传递到该 catch 代码块，这和传递一个参数的方法一样。

【例 2-1】 try-catch 实例。

```
import java.io.*;
public class ExcepTest{

    public static void main(String args[]){
        try{
            int a[] = new int[2];
            System.out.println("Access element three :" + a[3]);
        }catch(ArrayIndexOutOfBoundsException e){
            System.out.println("Exception thrown  :" + e);
        }
        System.out.println("Out of the block");
    }
}
```

以上代码编译运行输出结果如下。

```
Exception thrown  :java.lang.ArrayIndexOutOfBoundsException: 3
Out of the block
```

程序说明：程序定义了一个长度为 2 的数组，数组元素下标的最大值为 1，当访问数组元素 a[3]时，会报数组元素越界异常。

2. 多重捕获

一个 try 代码块后面跟随多个 catch 代码块的情况称为多重捕获。多重捕获块的语法如下。

```
try{
    // 程序代码
}catch(异常类型 1 异常的变量名 1){
   // 程序代码
}catch(异常类型 2 异常的变量名 2){
```

```
    // 程序代码
}catch(异常类型 3 异常的变量名 3){
    // 程序代码
}
```

上面的代码段包含了 3 个 catch 代码块。可以在 try 语句后面添加任意数量的 catch 代码块。如果保护代码块中发生异常，异常被抛给第一个 catch 代码块。如果抛出异常的数据类型与异常类型 1 匹配，它在这里就会被捕获。如果不匹配，它会被传递给第二个 catch 代码块。如此类推，直到异常被捕获或者通过所有的 catch 代码块。

【例 2-2】 多重捕获实例。

```
try {
    file = new FileInputStream(fileName);
    x = (byte) file.read();
}catch(IOException i)
{
    i.printStackTrace(); return -1;
}
catch(FileNotFoundException f) //Not valid!
{
    f.printStackTrace(); return -1;
}
```

程序说明： try 语句中的创建文件可能会产生 IO 异常或文件找不到异常，因此使用了两个 catch 语句来捕获异常。

3. throws/throw 关键字

如果一个方法没有捕获到一个检查型异常，那么该方法必须使用 throws 关键字来声明。throws 关键字放在方法签名的尾部。也可以使用 throw 关键字抛出一个异常。

【例 2-3】 throws/throw 使用实例。

下面的方法声明抛出一个 RemoteException 异常。

```
import java.io.*;
public class className{
  public void deposit(double amount) throws RemoteException
  {
    // Method implementation
    throw new RemoteException();
  }
  //Remainder of class definition
}
```

一个方法可以声明抛出多个异常，多个异常之间用逗号隔开。例如，下面的方法声明抛出 RemoteException 异常和 SQLException 异常。

```
import java.io.*;
public class className
{
    public void withdraw(double amount) throws RemoteException, SQLException
   {
```

```
            // Method implementation
        }
        //Remainder of class definition
    }
```

4. finally 关键字

不管是否捕捉到了异常，finally 代码块中的代码都会被执行。例如，在执行数据库操作时数据库已经被打开，这时发生了错误，当在 try 代码块中捕捉到异常后，会直接跳转到 catch 代码块中执行，那么数据库就一直没有关闭，这就导致了资源浪费或其余步骤不能继续进行。finally 与 try 的退出方式没有关系，用于保证语句的执行。finally 既可以与 try 代码块配对使用，也可以与 try-catch 共同使用。

语法如下。

```
try{
  // 程序代码
}catch(异常类型 1 异常的变量名 1){
  // 程序代码
}catch(异常类型 2 异常的变量名 2){
  // 程序代码
}finally{
  // 程序代码
}
```

【例 2-4】 finally 使用实例。

```
public class ExcepTest{
  public static void main(String args[]){
    int a[] = new int[2];
    try{
        System.out.println("Access element three :" + a[3]);
    }catch(ArrayIndexOutOfBoundsException e){
        System.out.println("Exception thrown   :" + e);
    }
    finally{
        a[0] = 6;
        System.out.println("First element value: " +a[0]);
        System.out.println("The finally statement is executed");
    }
  }
}
```

以上实例编译运行结果如下。

```
Exception thrown   :java.lang.ArrayIndexOutOfBoundsException: 3
First element value: 6
The finally statement is executed
```

程序说明：

（1）catch 代码块不能独立于 try 代码块存在。

（2）在 try-catch 代码块后面添加 finally 代码块并非强制性要求。

（3）try 代码块后不能既无 catch 代码块，又无 finally 代码块。

（4）try，catch，finally 代码块之间不能添加任何代码。

2.2 自定义异常类

程序员可以直接使用系统中已经定义的异常类，也可以自定义异常类。编写自己的异常类时需要记住下面 3 点。

（1）所有异常都必须是 Throwable 类的子类。

（2）如果希望写一个检查性异常类，则需要继承 Exception 类。

（3）如果想写一个运行时异常类，则需要继承 RuntimeException 类。

可以像下面这样定义自己的异常类：

```
class MyException extends Exception{
}
```

只继承 Exception 类来创建的异常类是检查型异常类。下面的 InsufficientFundsException 类是用户定义的异常类，它继承自 Exception 类。一个异常类和其他任何类一样，包含变量和方法。以下实例是一个银行账户的模拟，通过银行卡的号码完成识别，可以进行存钱和取钱的操作。

【例 2-5】 自定义异常类实例。

```
import java.io.*;
 //自定义异常类，继承 Exception 类
public class InsufficientFundsException extends Exception{
  //此处的 amount 用来存储出现异常（取出钱多于余额）时所缺乏的钱
  private double amount;
  public InsufficientFundsException(double amount)
  {
    this.amount = amount;
  }
  public double getAmount()
  {
    return amount;
  }
}
```

为了展示如何使用自定义的异常类，在下面的 CheckingAccount 类中包含一个 withdraw()方法，抛出一个 InsufficientFundsException 异常。

【例 2-6】 使用自定义异常类。

```
import java.io.*;
 //此类模拟银行账户
public class CheckingAccount
{
  //balance 为余额，number 为卡号
   private double balance;
   private int number;
   public CheckingAccount(int number)
   {
      this.number = number;
```

```
    }
    //方法：存钱
    public void deposit(double amount)
    {
        balance += amount;
    }
    //方法：取钱
public void withdraw(double amount) throws InsufficientFundsException
    {
        if(amount <= balance)
        {
            balance -= amount;
        }
        else
        {
            double needs = amount - balance;
            throw new InsufficientFundsException(needs);
        }
    }
    //方法：返回余额
    public double getBalance()
    {
        return balance;
    }
    //方法：返回卡号
    public int getNumber()
    {
        return number;
    }
}
```

下面的 BankDemo 程序展示了如何调用 CheckingAccount 类的 deposit()和 withdraw()方法。

【例 2-7】CheckingAccount 的测试类。

BankDemo.java 文件代码：

```
public class BankDemo{
    public static void main(String [] args)
    {
        CheckingAccount c = new CheckingAccount(101);
        System.out.println("Depositing $500...");
        c.deposit(500.00);
        try
        {
            System.out.println("\nWithdrawing $100...");
            c.withdraw(100.00);
```

```
            System.out.println("\nWithdrawing $600...");
            c.withdraw(600.00);
        }catch(InsufficientFundsException e)
        {
            System.out.println("Sorry, but you are short $"
                                        + e.getAmount());
            e.printStackTrace();
        }
    }
```

编译上面 3 个文件，并运行程序 BankDemo，得到的结果如下。

```
Depositing $500...
Withdrawing $100...
Withdrawing $600...
Sorry, but you are short $200.0 InsufficientFundsException
 at CheckingAccount.withdraw(CheckingAccount.java:25)
 at BankDemo.main(BankDemo.java:13)
```

程序说明：例 2-5、例 2-6 和例 2-7 演示了自定义异常类的定义与使用，例 2-5 自定义了异常类 InsufficientFundsException，程序中的 amount 用来存储当出现异常（取出钱多于余额）时所缺乏的钱。例 2-6 定义了模拟银行账号的类，withdraw()方法声明了 InsufficientFundsException 异常，测试类生成了一个模拟账号，向该账号存入 500 元，先成功支取 100 元，再支取 600 元钱时，发生异常，程序报余额不足异常。

2.3 本章小结

本章介绍了 Java 语言中异常的概念、Java 语言常用的异常类、Java 处理异常的机制，以及 try、catch、finally 语句的用法和自定义异常类的方法。

2.4 本章习题

（1）简述 try{}、catch{}、finally{}程序结构中每段程序的结构的作用。

（2）用什么语句抛出异常？如果在原方法中不处理异常，该异常在哪里处理？

（3）异常包含下列哪些内容？

A：程序中的语法错误

B：程序的编译错误

C：程序执行过程中遇到的事先没有预料到的情况

D：程序事先定义好的，在程序执行过程中可能出现的意外情况

（4）假设下列 try-catch 代码块中的 statement2 引起一个异常。

```
try
{
        statement1
        statement2
        statement3
}catch(Exception1 ex1){}
```

```
catch(Exception2 ex2){}
statement4
```

回答下面的问题。

① statement3 会被执行吗?

② 如果异常未被捕获，statement4 会被执行吗?

③ 如果 catch 代码块捕获了异常，statement4 会被执行吗?

④ 如果异常传递给了调用者，statement4 会被执行吗?

第3章 输入/输出流

03

▶ 内容导学

程序的主要任务是操纵数据。在运行程序时，数据必须位于内存中，并且属于特定的类型，这样程序才能操纵它们。本章介绍如何从数据源中读取数据以供程序处理，以及如何将程序处理后的数据写到数据目的地。数据目的地也称为数据汇。Java 语言执行文件读写操作都是通过对象实现的，读取数据的对象称为输入流（InputStream），写入数据的对象称为输出流（OutputStream）。流是 Java 语言中处理输入/输出（I/O）的方式，采用流的方式可以更加方便快捷地处理不同类型的数据。

Java 语言的输入/输出流包括字符流和字节流，它们充分利用了面向对象的继承性，对数据的共用操作方法定义在超类中，子类提供特殊的操作。使用缓冲流包装输入/输出流执行读写操作可以提高读写数据的效率。

▶ 学习目标

① 掌握 File 类的使用方法。
② 掌握流的基本概念及 API。
③ 掌握字节流和字符流的使用方法。
④ 节点流与处理流的使用。
⑤ 对象的序列化。

3.1 File 类

创建输入/输出流都要用到 File 对象，本节先介绍 File 类的用法。

Java 语言中对文件的管理，是通过 java.io 包中的 File 类来实现的，主要是针对文件或目录路径名的管理，包括文件的属性信息、文件的检查、文件的删除等。

一个 File 对象可以代表一个文件，也可以代表一个目录，甚至什么也不代表（不存在）。在创建了一个 File 对象后，如果是目录，可以显示目录清单，也可以新建或删除目录；如果是文件，可以查询文件的属性和路径信息，也可以进行输出和改名，但没有复制文件的功能。复制文件的功能属于文件的读写，要用输入/输出流类来解决。

File 类的数据成员主要有以下 4 个，它们都是类变量。

（1）static String pathSeparator ";" 路径分隔符。

（2）static Char pathSeparatorChar ";" 路径分隔符，字符分号而不是字符串。

（3）static String separator "\" 路径表达式中的分隔符，如 Windows 系统中是反斜杠。

（4）static Char separatorChar "\" 字符型的路径表达式中的分隔符（反斜杠）。

1. File 类的构造方法

File 类的构造方法如下。

（1）public java.io.File(String pathname)

（2）public java.io.File(String parent,String filename)

（3）public java.io.File(File parent,String filename)

第一个构造方法通过全路径，即路径文件名来创建对象，pathname 可以是绝对路径也可以是相对路径。第二个构造方法通过父目录和文件名来创建对象，filename 是不含路径的文件名。第三个构造方法也通过父目录和文件名来创建对象，但父目录由一个 File 对象提供。

【例 3-1】 本例演示用 3 种构建器创建 File 对象。

```
import java.io.*;
public class FileCons {
    public static void main(String[] args) {
        try {
            File f1 = new File("c:\\");
            File f2 = new File("c:\\", "Windows");
            File f3 = new File(f1, "sss.txt");
            File f4 = new File("FileCons.java");
            File f5 = new File("asdf+?12/");
            System.out.println("Path of F1 is " + f1.getPath());
            System.out.println("Path of F2 is " + f2.getPath());
            if (f3.exists())
                System.out.println(f3 + " exists");
            else {
                f3.createNewFile();
                System.out.println("F3 was created!");
            }
            System.out.println(f4.getAbsolutePath());
            System.out.println("Path of F5 is " + f5.getPath());
        } catch (java.io.IOException e) {
            e.printStackTrace();
        }
    }
}
```

第一次运行结果：

```
Path of F1 is c:\
Path of F2 is c:\Windows
F3 was created!
C:\Users\Administrator\eclipse-workspace\Demo2021\FileCons.java
Path of F5 is asdf+?12
```

第二次运行结果：

```
Path of F1 is c:\
Path of F2 is c:\Windows
c:\sss.txt exists
C:\Users\Administrator\eclipse-workspace\Demo2021\FileCons.java
Path of F5 is asdf+?12
```

程序说明：f4 说明可以使用相对路径，f5 的文件名字符串是非法的，这说明创建文件时编译程序不分析文件名字符串的合法性。

2. File 类中的常用方法

File 类常用方法如表 3-1 所示。

表 3-1　File 类常用方法

方法	含义
boolean createNewFile()	当且仅当不存在具有此抽象路径名指定的名称的文件时，创建由此抽象路径名指定的一个新的空文件
static File createTempFile(String prefix,String suffix)	在默认临时文件目录中创建一个空文件，使用给定的前缀和后缀生成其名称
static File createTempFile(String prefix,Stirng suffix,File directory)	在指定目录中创建一个新的空文件，使用给定的前缀和后缀字符串生成其名称
boolean exists()	测试此抽象路径名表示的文件或目录是否存在
boolean delete()	删除此抽象路径名表示的文件或目录
boolean equals(Object obj)	测试此抽象路径名与给定对象是否相等
boolean canRead()	测试应用程序是否可以读取此抽象路径名表示的文件
boolean canWrite()	测试应用程序是否可以修改此抽象路径名表示的文件
String[] list()	返回由此抽象路径名所表示的目录中的文件和目录的名称所组成的字符串数组
String getAbsolutePath()	返回抽象路径名的绝对路径名字符串
String getName()	返回由此抽象路径名表示的文件或目录的名称，不包括路径名称
String getPath()	将此抽象路径名转换为一个路径名字符串
File[] listFiles()	返回一个抽象路径名数组，这些路径名表示此抽象路径名所表示的目录中的文件
boolean renameTo(File dest)	重新命名此抽象路径名表示的文件
long length()	返回由此抽象路径名表示的文件的大小，以 byte 为单位
boolean mkdir()	创建此抽象路径名指定的目录
boolean mkdirs()	创建此抽象路径名指定的目录，包括创建必需但不存在的父目录。注意，如果此操作失败，可能已成功创建了一些必需的父目录

注意

File 类中的一些方法会声明抛出异常，因此，在调用这些方法时必须使用 try-catch 代码块。

下面分类详细介绍一下其中的常用方法。

（1）显示目录清单

显示目录清单用 list 方法，它有两种形式。一种是无参数的，返回 File 对象的所有文件和子目录；另一种用过滤器参数，只返回符合条件的文件和子目录列表。

```
String[] list()
String[] list(FilenameFilter filter)
```

【例 3-2】简单的目录列表，显示当前目录的父目录的清单。

```
import   java.io.*;
public class DirList {
    public static void main(String args[]) {
        File dir = new File("..");
        String[] files = null;
        if(dir.exists())
          files = dir.list();
        for (int i=0; i<files.length; i++)
          System.out.println(files[i]);
    }
}
```

程序运行结果如下。

```
shopserver_example
springbootdemo
staff.sql
TCBook
test.sql
TestWeb
初始 mvcdemo
完整 mvcdemo
完整 mvcdemo.zip
```

程序说明：程序列出了当前目录的父目录文件，“..”代表当前目录的父目录。要使用带过滤器的 list 方法，必须建立一个类过滤器 filter。这个类要使用 FilenameFilter 接口。形式如下。

```
class DirFilter implements FilenameFilter {
    String afn;
    DirFilter(String afn) { this.afn = afn; }
    public boolean accept(File dir, String name) {
      // 带路径信息
      String f = new File(name).getName();
      return f.indexOf(afn) != -1;
    }
}
```

构建器 DirFilter(String afn)，其中字符串 afn 就是过滤子串，包含 afn 子串的字符串就是符合条件的。

【例 3-3】带过滤器的目录列表。显示当前目录清单中包含指定字符串的文件和目录。

```
import   java.io.*;
public   class DirList1 {
    public static void main(String[] args) {
        try {
            File path = new File(".");
            String[] list;
            if(args.length == 0)
```

```
                list = path.list();
            else
                list = path.list(new DirFilter( "java" ));
            for(int i = 0; i < list.length; i++)
                System.out.println(list[i]);
        } catch(Exception e) {
            e.printStackTrace();
        }
    }
}
class DirFilter implements FilenameFilter {
    String afn;
    DirFilter(String afn) {
        this.afn = afn;
    }
    public boolean accept(File dir, String name) {
        // 带路径信息
        String f = new File(name).getName();
        return f.indexOf(afn) != -1;
    }
}
```

下面用一个匿名内部类来重写例 3-3。首先创建了一个 filter()方法，它返回指向 FilenameFilter 的一个句柄，类体在创建句柄的地方建立。

```
import  java.io.*;
public  class DirList2 {
    public static FilenameFilter filter(final String afn) {
        // 创建一个匿名类
        return new FilenameFilter() {
            String fn = afn;
            public boolean accept(File dir, String n) {
                // 带路径信息
                String f = new File(n).getName();
                return f.indexOf(fn) != -1;
            }
        }; // 匿名内部类的结束
    }
    public static void main(String[] args) {
        try {
            File path = new File(".");
            String[] list;
            if(args.length == 0)
            list = path.list();
            else
```

```
            list = path.list(filter(args[0]));
            for(int i = 0; i < list.length; i++)
                System.out.println(list[i]);
        } catch(Exception e) {
            e.printStackTrace();
        }
    }
}
```

程序运行结果如下。

```
.classpath
.project
.settings
bin
src
```

程序说明：筛选目录中的文件清单用 listFiles 方法，它返回的是 File 类型的对象数组。语法形式与 list 方法类似，但它使用了两种过滤器——文件名过滤器和文件过滤器，作为参数。这 3 个方法如下。

① File[] listFiles()

② File[] listFiles(FilenameFilter)

③ File[] listFiles(FileFilter)

（2）创建和删除

利用 File 对象可以很方便地创建和删除目录，也可以创建一个空文件和删除文件。这些方法都返回 boolean 值以告知操作是否成功。方法如下。

① boolean mkdir()：创建一个新目录。

② boolean createNewFile()：创建一个新的空文件。

③ boolean delete()：删除一个空目录或文件。

④ boolean renameTo(File)：目录或文件改名。

如果要删除的目录非空，那么目录无法成功删除，但不抛出异常。如果要删除的文件或目录不存在，也不抛出异常。如果要创建的空文件名已经存在，也不抛出异常。下面的例子将演示创建工作。

【例 3-4】创建一个“根目录”包含 9 个子目录，并在每个子目录中创建一个空文件。

```
import java.io.*;
public class DirCreate {
    public static void main(String[] args) {
        File root = new File("c:\\root$dir");
        File[] dirs = new File[10];
        File[] fs = new File[10];
        try {
            if (!root.exists())
                root.mkdir();
            for (int i = 1; i < 10; i++) {
                dirs[i] = new File(root, "Dir" + String.valueOf(i));
                dirs[i].mkdir();
                fs[i] = new File(dirs[i], "file" + String.valueOf(i));
                fs[i].createNewFile();
```

```
                }
            } catch (IOException e) {
                e.printStackTrace();
            }
        }
}
```

程序运行结果：在 C:\root$dir 下创建如下目录。

Dir1
Dir2
Dir3
Dir4
Dir5
Dir6
Dir7
Dir8
Dir9

在每个目录下创建一个文件，分别为 file1，file2……。

程序说明：mkdir()是创建目录的方法，createNewFile()是创建文件的方法。执行完后请观看结果。然后执行下面的删除程序。

【例 3-5】删除例 3-4 建立的所有子目录和文件，留下“根目录”并改名。

```
import   java.io.*;
class DirDelete {
        public static void main(String[] args) {
                File root = new File("c:\\root$dir");
                File[] dirs = new File[10];
                File[] fs = new File[10];
                for (int i=1; i<10;i++) {
                    dirs[i] = new File(root, "Dir" + String.valueOf(i));
                    fs[i] = new File(dirs[i],"file" + String.valueOf(i));
                    fs[i].delete();
                    dirs[i].delete();
                }
                File r = new File("c:\\root$$$");
                root.renameTo(r);
        }
}
```

程序运行结果：删除了例 3-4 中所建的目录。

程序说明：delete()方法是用来删除目录和文件的。

（3）文件属性测试

File 类提供许多方法给出 File 对象所对应的文件的各种属性。其中一类方法是判断性的，大多数都无参数，返回 boolean 值。这些方法如下。

① canRead()：是否可读。

② canWrite()：是否可写。

③ exists()：File 对象是否存在。
④ isDirectory()：是否为目录。
⑤ isFile()：是否为文件。
⑥ isAbsolute()：File(parent, filename)构建器创建对象时给出的是否为绝对路径。
⑦ isHidden()：是否为隐含文件。
⑧ setReadOnly()：是否设置为只读文件。
另一类方法返回字符串，如文件名和路径等，如下。
① getName()：不含路径的文件名。
② getPath()：路径文件名。
③ getParent()：父目录名。
④ getAbsolute()：返回绝对路径。
⑤ toString()：返回 File 对象的信息。
最后还有几个方法，如下。
① long length()：返回文件长度（字节数）。
② long lastModified()：返回文件的最后修改时间。
③ int compareTo(File f)：比较两个 File 对象，而不是比较文件内容。
④ boolean equals(Object o)：自 Object 类继承而来的方法。
下面用一个程序来演示所有这些方法的用法。
【例 3-6】测试或获取文件属性信息。

```
import java.io.File;
import java.io.IOException;
import java.util.Date;

public class File1Properties {
    static void printProperty(File file) {
        System.out.println("Name: " + file.getName());
        System.out.println("Path: " + file.getPath());
        System.out.println("Parent: " + file.getParent());
        System.out.println("Can read? " + file.canRead());
        System.out.println("Can write? " + file.canWrite());
        System.out.println("Is hidden? " + file.isHidden());
        System.out.println("Is readonly? " + file.setReadOnly());
        System.out.println("Length: " + file.length());
        Date date = new Date(file.lastModified());
        System.out.println("last modified: " + date.toString());
        System.out.println();
        System.out.println("Is Absolute? " + file.isAbsolute());
        System.out.println("AbsolutePath: " + file.getAbsolutePath());
    }

    public static void main(String args[]) {
        String filename = "FileCopy.java";
        if (filename.length() == 0) {
```

```
            System.out.println("Usage: File1Properties <filename>");
            System.exit(0);
        }
        File f = new File(filename);
        try {
            f.createNewFile();
        } catch (IOException e) {
            e.printStackTrace();
        }
        if (!f.exists()) {
            System.out.println(f.toString() + " not exists!");
        } else {
            if (f.isDirectory())
                System.out.println("This is a directory");
            else
                System.out.println("This is a file");
            printProperty(f);
        }
    }
}
```

程序运行后结果如下。

```
This is a file
Name: FileCopy.java
Path: FileCopy.java
Parent: null
Can read? true
Can write? true
Is hidden? false
Is readonly? true
Length: 0
last modified: Tue Aug 11 15:51:29 CST 2015
Is Absolute? false
AbsolutePath: F:\2015 年工作\JavaSE 编程\JavaSEflm\javaSenior\FileCopy.java
```

程序说明：本例演示了 File 类的常用方法和属性。

（4）临时文件的应用

在程序运行过程中经常会用到临时文件。File 类中提供了对临时文件的支持。建立临时文件可用 createTempFile()方法，它有如下两种形式。

① File createTempFile(String prefix, String suffix)

② File createTempFile(String prefix, String suffix, File directory)

其中，prefix 是前缀，suffix 是后缀。生成的文件名是由一串随机数字加上前缀和后缀形成的。例如，用 f.createTempFile("$$ ","$$")创建临时文件，名字形如“$$42154$$”。第二种形式用一个 File 对象给出临时文件夹，缺省是为 Windows 的默认临时文件夹 c:\Windows\temp。我们还可以要求在程序退出时自动删除临时文件，只要使用 deleteOnExit()方法即可。

【例 3-7】本例演示创建和使用临时文件。

```
import java.io.*;
public class TempFileDemo {
	public static void main(String args[]) {
		File tempDir = new File("c:\\temp");
		File tmp1 = null;
		File tmp2 = null;
		try {
			if (!tempDir.exists())
				tempDir.mkdir();
			tmp1 = File.createTempFile("$$$", "ttt", tempDir);
			tmp2 = File.createTempFile("ttt", "$$$", tempDir);
			// tmp1.deleteOnExit();
			// tmp2.deleteOnExit();
		} catch (IOException e) {
			e.printStackTrace();
		}
	}
}
```

运行后，打开 c:\temp 可以看到如下结果。

```
$$$9001100565855001512ttt
ttt6903518137609903751$$$
```

去掉自动删除语句前的注释符号，重新编译和运行，就会发现此次运行所创建的临时文件已经被删除了（之前运行所创建的临时文件还保留）。

3.2 字节流和字符流

3.2.1 流的概念

流（Stream）代表的是程序中数据的流通，数据流是一串连续不断的数据的集合。在 Java 程序中，对于数据的输入和输出操作是以流的方式进行的。可以把流分为输入流和输出流两种。程序从输入流读取数据，向输出流写入数据。在 Java 程序中，通过输入流读取数据（读到内存中），而通过输出流输出数据（从内存存储到文件或显示到屏幕上），如图 3-1 所示。

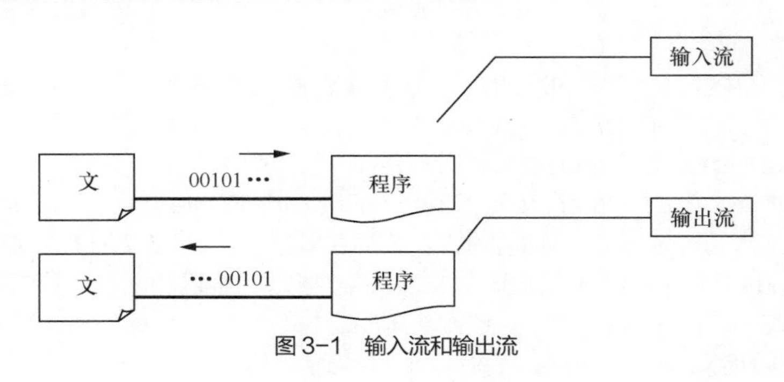

图 3-1　输入流和输出流

如果数据流中最小的数据单元是字节，那么称这种流为字节流；如果数据流中最小的数据单元是字符，那么称这种流为字符流。在 I/O 类库中，java.io.InputStream 和 java.io.OutputStream 分别表示字节输入流和字节输出流，java.io.Reader 和 java.io.Writer 分别表示字符输入流和字符输出流。

Java 中的流可以按如下方式分类。

（1）按流的方向不同分为：输入流、输出流。

（2）按处理数据的单位不同分为：字节流、字符流。

（3）按功能不同分为：节点流、处理流。

在 Java 语言中，控制数据流的类都放在 java.io 包中，java.io 包中有两大继承体系。以 byte 处理为主的 Stream 类，它们的命名方式是 XXXStream；以字符处理为主的 Reader/Writer 类，它们的命名方式是 XXXReader 或 XXXWriter。InputStream、OutputStream、Reader、Writer 这 4 个类，是这两大继承体系的父类，如表 3-2 所示。

表 3-2　java.io 包中两大继承体系

分类	字节流	字符流
输入流	InputStream	Reader
输出流	OutputStream	Writer

在使用 write 方法输出数据时，有些数据并不会马上输出到指定的地方，通常会暂时存放在内存中的暂存区。如果我们想要立刻把数据输出到目的地，则可以调用 flush 方法来对暂存区进行清除，数据输出后，应关闭（close）它。在调用 close 方法时，会先调用 flush 方法，以确保所有的数据都已经输出到目的地。

3.2.2 InputStream 字节输入流的层次结构与常用方法

1. 层次结构

在 java.io 包中，java.io.InputStream 表示字节输入流，java.io.OutputStream 表示字节输出流，它们都是抽象类，不能被实例化。所有字节输入流都是 InputStream 类的直接或者间接子类。输入流的类层次结构如图 3-2 所示。

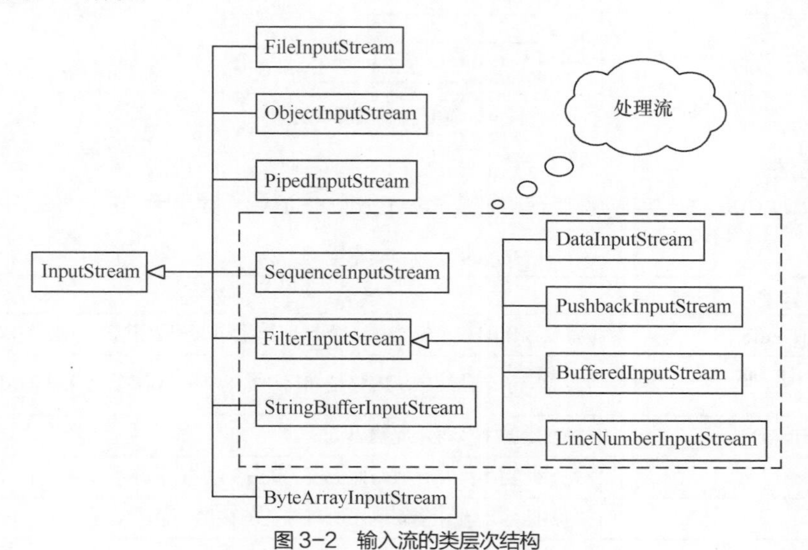

图 3-2　输入流的类层次结构

2. 常用方法

InputStream 是输入字节流的所有类的超类，InputStream 类常用的方法如表 3-3 所示。

表 3-3　InputStream 类常用的方法

方法	含义
int read()	一次读取一个 byte 的数据，并以 int 类型返回数据，如果没有数据可以读，会返回“–1”
int read(byte[] buffer)	把所读取到的数据放在这个 byte 数组中，返回一个 int 型的数据，这个 int 型数据存储了返回的真正读取到的数据 byte 数
int read(byte[] buffer,int offset,int length)	读取 length 个字节，并存储到一个字节数组 buffer 中，并从 offset 位置开始返回实际读取的字节数
void close()	关闭此输入流并释放与该流关联的所有系统资源

3.2.3　OutputStream 字节输出流的层次结构与常用方法

1. 层次结构

所有字节输出流都是 OutputStream 类的直接或者间接子类，输出流的类层次结构如图 3-3 所示。

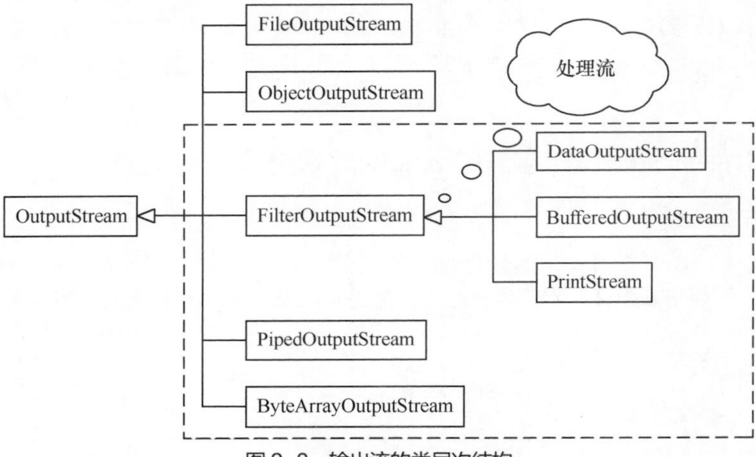

图 3-3　输出流的类层次结构

2. 常用方法

OutputStream 是输出字节流的所有类的超类，OutputStream 类常用的方法如表 3-4 所示。

表 3-4　OutputStream 类常用的方法

方法	含义
void write(byte[] buffer)	将要输出的数组先放在一个 byte 数组中，然后用这个方法一次输出一组数据
void write(byte[] buffer,int off,int len)	将指定字节数组中从偏移量 off 开始的 len 个字节写入此输出流
abstract void write(int b)	将指定的字节写入此输出流
void close()	关闭此输出流并释放与此流有关的所有系统资源
void flush()	刷新此输出流并强制输出所有缓冲的输出字节

3.2.4 Reader 字符输入流的层次结构及主要方法

1. 层次结构

在 java.io 包中，java.io.Reader 表示字符输入流，java.io.Writer 表示字符输出流，它们都是抽象类，不能被实例化。所有字符输入流都是 Reader 类的直接或者间接子类。字符输入流的类层次结构如图 3-4 所示。

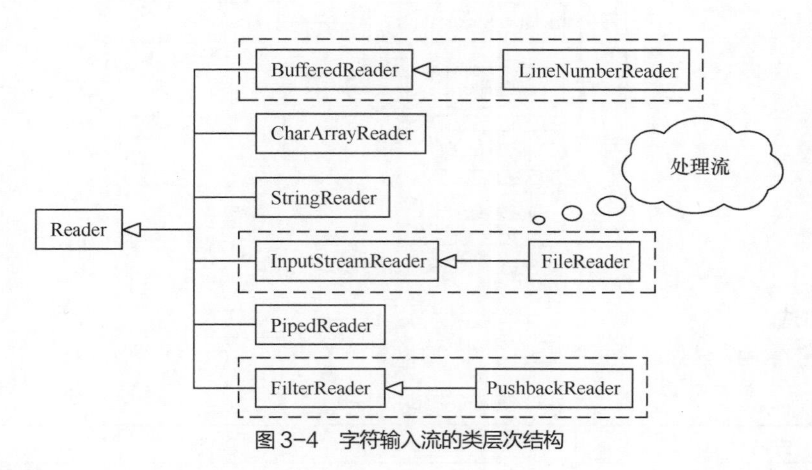

图 3-4　字符输入流的类层次结构

2. 常用方法

Reader 类常用的方法如表 3-5 所示。

表 3-5　Reader 类常用的方法

方法	含义
int read()	一次读取一个 char 的数据，并以 int 类型返回数据，如果没有数据可以读了，会返回“-1”
int read(char[] cbuffer)	把所读取到的数据放在这个 char 数组中，返回一个 int 型的数据，这个 int 型数据存储了返回的真正读取到的数据 char 数
int read(char[] cbuffer,int offset,int length)	读取 length 个字符，并存储到一个字符组 cbuffer 中，并从 offset 位置开始返回实际读取的字符数
void close()	关闭此 Reader 并释放与其关联的所有系统资源

Reader 是用于输入字符数据的类，它所提供的方法和 InputStream 类一样，差别在于 InputStream 类中用的是 byte 类型，而 Reader 类中用的是 char 类型。

3.2.5 Writer 字符输出流的层次结构及主要方法

1. 层次结构

所有字符输出流都是 Writer 类的直接或者间接子类。字符输出流的类层次结构如图 3-5 所示。

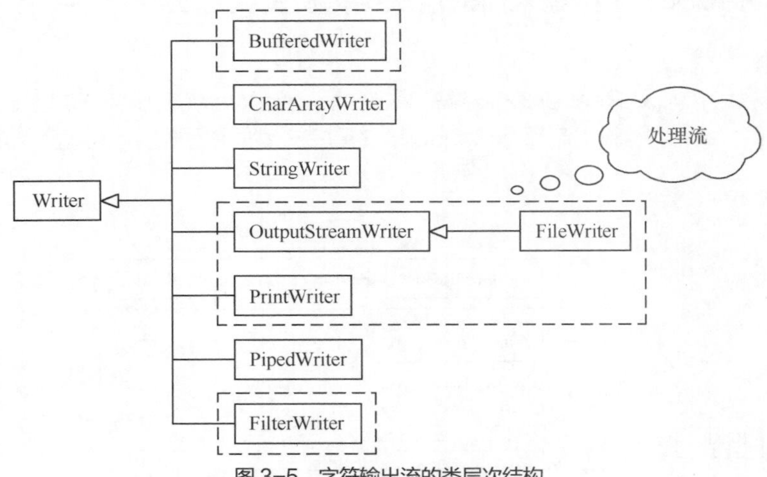

图 3-5　字符输出流的类层次结构

2. 常用方法

Writer 类的常用方法如表 3-6 所示。

表 3-6　Writer 类的常用方法

方法	含义
void write(char[] cbuffer)	将要输出的数组先放在一个 char 数组中，然后用这个方法一次把一组数据输出
void write(char[] cbuffer,int off,int len)	将指定字符数组中从偏移量 off 开始的 len 个字符写入此输出流
int write(int b)	将指定的字符写入此输出流
void write(String str)	写入字符串
void write(String str, int off,int len)	将指定字符串中从偏移量 off 开始的 len 个字符写入此输出流
void close()	关闭此输出流并释放与此流有关的所有系统资源
void flush()	刷新此输出流并强制输出所有缓冲的输出字节

Writer 类是用于输出字符数据的类，它提供的方法和 OutputStream 类中的方法类似，在使用 Writer 类时将 OutputStream 类中用到的 byte 类型换成 char 类型即可。注意，Writer 类另外提供了 2 个 Writer 方法，所以 Writer 类有 5 个 Writer 方法，其他 2 个方法只将 char 数据换成 String 对象而已，方便输出字符的数据。

3.3 节点流与处理流的使用

3.3.1 节点流的概念

从一个特定的数据源（节点）读写数据（如文件、内存）的类叫作节点流类，这些节点流类用来与数据源或数据目的地进行直接连接。在 java.io 包中，字节继承体系有 3 种节点流，而字符继承体系有 4 种节点流，如表 3-7 所示。

表 3-7　字节流与字符流继承体系

类型	字节流	字符流
File	FileInputStream、FileOutputStream	FileReader、FileWriter
Memory Array	ByteArrayInputStream、ByteArrayOutputStream	CharArrayReader、CharArrayWriter
Memory String		StringReader、StringWriter
Piped	PipedInputStream、PipedOutputStream	PipedReader、PipedWriter

3.3.2　使用节点流访问文件

了解了流操作的方法和 File 类的使用后，我们来看看如何访问一个文件中的数据，在 java.io 包中，可以利用以下 4 种节点类来进行文件的访问。

（1）FileInputStream

（2）FileOutputStream

（3）FileReader

（4）FileWriter

FileInputStream、FileOutputStream、FileReader 和 FileWriter 类可以创建读写文件的流。

1. FileInputStream 类

FileInputStream 类继承自 InputStream 类，每次处理的数据大小是一个字节。FileInputStream 类的构造方法如表 3-8 所示。

表 3-8　FileInputStream 类的构造方法

方法	含义
FileInputStream(String fileurl)	通过打开一个到实际文件的连接来创建一个 FileInputStream，该文件通过文件系统中的路径名指定
FileInputStream(File fileobj)	通过打开一个到实际文件的连接来创建一个 FileInputStream，该文件通过文件系统中的 File 对象 File 指定

使用 FileInputStream 类的构造方法创建对象的示例如下。

```
File f = new File("d:/io/a.txt");
FileInputStream fin1 = new FileInputStream(f);
FileInputStream fin2 = new FileInputStream("d:/io/b.txt");
```

【例 3-8】使用 FileInputStream 对象来读取外部文件。

```
import   java.io.File;
import   java.io.FileInputStream;
import   java.io.FileNotFoundException;
import   java.io.FileReader;
import   java.io.IOException;
public class FileInputStreamDemo {
    public static void main(String args[]) {
        try {
            File f = new File("d:\\io\\a.txt");
            FileInputStream fis = new FileInputStream(f);
            System.out.print((char)fis.read()+"\n");
```

```
                int c = 0;
                while ((c = fis.read()) != -1) {
                    System.out.print((char)c);
                }
                System.out.print('\n');
                byte b[] = new byte[fis.available()];
                fis.read(b);
                int j = 0;
                while (j < b.length) {
                    System.out.print((char)b[j]);
                    j++;
                }
            } catch (FileNotFoundException e) {
                e.printStackTrace();
            } catch (IOException e2) {
                e2.printStackTrace();
            }
        }
}
```

程序运行结果如下。

```
a
abbbcccde
```

程序说明：本程序功能是读取“d:\\io\\a.txt”文件下的内容。

【例 3-9】使用 FileInputStream 读取文件时处理异常。

```
import  java.io.*;
public class FileInputStreamDemo2 {
    public static void main(String args[]) {
        FileInputStream fin = null;
        try {
            fin = new FileInputStream("d:/io/b.txt");
            byte[] b = new  byte[fin.available()];
            fin.read(b);
            for (int i = 0; i < b.length; i++) {
                System.out.print((char) b[i]);
            }
        } catch (FileNotFoundException e) {
            System.out.println("找不到指定文件");
        } catch (IOException e) {
            System.out.println("读取文件有误");
        } finally {
            try {
            fin.close();
            } catch (IOException e) {
```

```
                    System.out.println("关闭文件时出错");
                }
            }
        }
    }
```

程序说明：本例中若“d:/io/b.txt”不存在，则输出找不到指定文件，而不会意外中断，这是因为处理了 FileNotFoundException 异常。

2. FileReader 类

FileReader 类继承自 Reader 类，用于创建一个文件的输入字符流对象，通过该对象可以完成对文件的读取操作。构造对象时可以直接给出文件的名字（String 类型），也可以给出该文件对应的 File 类对象。FileReader 类的构造方法如表 3-9 所示。

表 3-9　FileReader 类的构造方法

方法	含义
FileReader(String fileurl)	通过打开一个到实际文件的连接来创建一个 FileReader，该文件通过文件系统中的路径名指定
FileReader(File fileobj)	通过打开一个到实际文件的连接来创建一个 FileReader，该文件通过文件系统中的 File 对象 File 指定

使用 FileReader 的构造方法创建对象的示例如下。

```
File f = new File("d:/io/a.txt");
FileReader fin1 = new FileReader(f);
FileReader fin2 = new FileReader("d:/io/b.txt");
```

FileReader 类中的 read()方法可以从文件中一次读取一个字符，也可以将文件内容读取到一个字符数组中。

【例 3-10】使用 FileReader 读取文件。

```
public class FileReaderDemo {
    public static void main(String args[]){
        File f = new File("d:/io/b.txt");
        FileReader fr = null;
        try {
            fr = new FileReader(f);
            int c;
            while((c=fr.read())!=-1){
                System.out.print((char)c);
            }
        } catch (FileNotFoundException e) {
            System.out.println("要读取的文件不存在");
            e.printStackTrace();
        } catch (IOException e) {
            System.out.println("读取错误");
            e.printStackTrace();
        }finally{
```

```
                try {
                    fr.close();
                } catch (IOException e) {
                    e.printStackTrace();
                }
            }
        }
    }
```

程序说明：本例演示了使用 FileReader()方法读取文件的功能。

3. FileOutputStream 类

FileOutputStream 类继承自 OutputStream 类，每次处理的数据大小是一个字节。FileOutputStream 类的构造方法如表 3-10 所示。

表 3-10 FileOutputStream 类的构造方法

方法	含义
FileOutputStream(String fileurl)	创建一个向路径为 fileurl 的文件中写入数据的输出文件流
FileOutputStream(String fileurl, boolean append)	创建一个向路径为 fileurl 的文件中写入数据的输出文件流，并将字节写在文件末尾
FileOutputStream(File fileobj)	创建一个向指定 File 对象 fileobj 表示的文件中写入数据的文件输出流
FileOutputStream(File fileobj,boolean append)	创建一个向指定 File 对象 fileobj 表示的文件中写入数据的文件输出流，并将字节写在文件末尾

【例 3-11】使用 FileOutputStream 完成写文件功能。

```
import   java.io.*;
public class FileOutputStreamDemo {
    public static void main(String args[]) {
        FileOutputStream fout = null;
        try {
            fout = new FileOutputStream("d:/io/c.txt",true);
            byte[] ch = {'d','e','f'};
            fout.write(ch);
        } catch (IOException e) {
            e.printStackTrace();
        } finally {
            if (fout != null) {
                try {
                    fout.close();
                } catch (IOException e) {
                    e.printStackTrace();
                }
            }
        }
```

```
            System.out.println("文件写入成功");
        }
}
```

4. FileWriter 类

FileWriter 类继承自 Writer 类，用于创建文件输出字符流对象，通过该对象可以完成对文件的写入操作。构造对象时，如果给出的文件并不存在，则会自动创建文件；如果文件已存在，对文件的写入操作将覆盖掉文件原来的内容。FileWriter 类中的 write()方法可以一次向文件中写入一个字符，也可以一次将一个字符数组中的内容写入文件。FileWriter 类的构造方法如表 3-11 所示。

表 3-11　FileWriter 类的构造方法

方法	含义
FileWriter(String fileurl)	创建一个向路径为 fileurl 的文件中写入数据的输出文件流
FileWriter(String fileurl，boolean append)	创建一个向路径为 fileurl 的文件中写入数据的输出文件流,并将字符写在文件末尾
FileWriter(File fileobj)	创建一个向指定 File 对象 fileobj 表示的文件中写入数据的文件输出流
FileWriter(File fileobj,boolean append)	创建一个向指定 File 对象 fileobj 表示的文件中写入数据的文件输出流，并将字符写在文件末尾

【例 3-12】使用 FileWriter 完成写文件功能。

```
import  java.io.FileNotFoundException;
import  java.io.FileWriter;
import  java.io.IOException;
public class FileWriterDemo2 {
        public static void main(String args[]){
                FileWriter  fout = null;
                try {
                        fout = new FileWriter("d:\\io\\d.txt",true);
                        char[] b = {'a','中','国'};
                        fout.write(b);
                        fout.close();
                } catch (FileNotFoundException e1) {
                        System.out.println(e1.getMessage());
                } catch (IOException e2) {
                        System.out.println(e2.getMessage());
                }
                System.out.println("文件写入成功");
        }
}
```

程序说明：本例的功能是把字符数组 b 的内容写入文件“d:\\io\\d.txt”中。

【例 3-13】利用文件输入/输出流进行文本文件复制。

```
import  java.io.*;
public class TestFileStream
{
```

```
    public static void main(String[] args){ //创建代表文件 TestFileStream.txt 的 File 类对象 f
    File f=new File("D:\\workspace\\ch05\\bin\\TestFileStream.txt");
    //创建代表文件 CopyOfTestFileSteam.txt 的 File 对象 newf
    //CopyOfTestFileSteam.txt 作为 TestFileStream.txt 的副本
    File newf=new File("CopyOfTestFileSteam.txt");
    FileInputStream fis=null;
    FileOutputStream fos=null;
    FileReader fr=null;
    try{
        //分别用文件输入字节流 fis 和文件输出字节流 fos 打开文件 f 和 newf
        fis=new FileInputStream(f);
        fos=new FileOutputStream(newf);
        System.out.println("源文件的长度："+f.length());
        System.out.println("正在复制文件...");
        int r;
        //循环读取 fis 中的内容并写入 fos
        while((r=fis.read())!=-1)
            fos.write(r);
        fis.close();
        fos.close();
        System.out.println("复制完毕，共复制"+newf.length()+"字节！");
        //用文件输入字符流 fr 打开文件 newf
        fr=new FileReader(newf);
        //创建字符数组 data,数组最大长度是文件的长度
        char[] data=new char[(int)newf.length()];
        //通过流 fr 读取文件中的内容到 data，num 保存了读取的字符数
        int num=fr.read(data);
        //通过字符数组构造字符串
        String str=new String(data,0,num);
        System.out.println("文件 CopyOfTestFileSteam.txt 的内容:");
        System.out.println(str);
        fr.close();
        }
        catch(IOException e){
            System.out.println(e.getMessage());
        }
    }
}
```

若文件 TestFileStream.txt 的内容为：

```
约好了要往梦想去追
才发现我们离从前越来越远
很悲哀许多事情伤过一回才会
开始了解
```

```
987654321
```

则程序运行结果如下：

```
源文件的长度：93
正在复制文件...
复制完毕，共复制 93 字节！
文件 CopyOfTestFileSteam.txt 的内容:
约好了要往梦想去追
才发现我们离从前越来越远
很悲哀许多事情伤过一回才会
开始了解
987654321
```

3.3.3 处理流的概念

只以字节或是字符为单位来对数据做输入或输出是不够的，有时候需要一行一行地读数据，有时需要读取特定格式的数据，因此，Java 语言提供了这样的机制，能把数据流作为连接（Chain），使原本没有特殊访问方法的流，通过连接到特殊的流后，变成可以用特定的方法来访问数据的流，如图 3-6 所示。

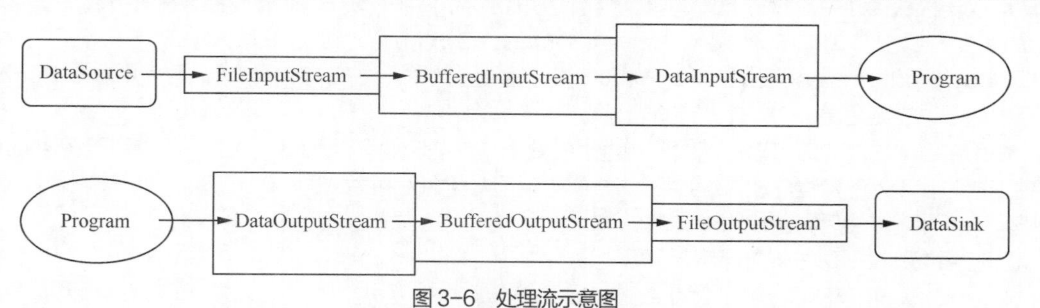

图 3-6 处理流示意图

“连接”在已存在的流（节点流或处理流）之上，通过处理数据为程序提供更为强大的读写功能。处理流类的构造方法中，都必须接收另外一个流对象作为参数。

3.3.4 处理流类的使用

常见的处理流类如表 3-12 所示。

表 3-12 常见的处理流类

种类\继承体系	字节	字符
缓冲(Buffered)	BufferedInputStream、BufferedOutputStream	BufferedReader、BufferedWriter
字符和字节转换		InputStreamReader、OutputStreamWriter
对象序列化	ObjectInputStream、ObjectOutputStream	
特定数据类型访问	DataInputStream、DataOutputStream	
计数	LineNumberInputStream	
重复	PushbackInputStream	
打印	PrintStream	PrintWriter

1. 缓冲流（Buffered）

缓冲流为读写的数据提供了缓冲的功能，提高了读写的效率，同时增加了一些新的方法，Java 提供了 4 种缓冲流，其构造方法如表 3-13 所示。

表 3-13　　缓冲流的构造方法

构造方法	含义
BufferedInputStream(InputStream in)	创建一个带有 32 字节缓冲区的缓冲输入流
BufferedInputStream(InputStream in, int size)	创建一个带有 size 大小缓冲区的缓冲输入流
BufferedOutputStream(OutputStream out)	创建一个带有 32 字节缓冲区的缓冲输出流
BufferedOutputStream(OutputStream out, int size)	创建一个带有 size 大小缓冲区的缓冲输出流
BufferedReader(Reader in)	创建一个使用默认大小输入缓冲区的缓冲字符输入流
BufferedReader(Reader in,int size)	创建一个使用 size 大小输入缓冲区的缓冲字符输入流
BufferedWriter(Writer out)	创建一个使用默认大小输出缓冲区的缓冲字符输出流
BufferedWriter(Writer out,int size)	创建一个使用 size 大小输出缓冲区的缓冲字符输出流

BufferedInputStream 类支持其父类的 mark()和 reset()方法，BufferedReader 类中的 readLine()方法可以一次从文件中读取一行文本（以\r 或\n 分隔），而不用一个一个字节或者字符进行循环读取。该方法返回一个字符串。BufferedWriter 类提供的 newLine()方法用于写入一个行分隔符，对于 BufferedOutputStream 类和 BufferdWriter 类，写出的数据会先在内存中缓存，再使用 flush()方法将内存中的数据立刻写出。

使用带缓冲功能的流可以提高输入和输出的效率，这些流通常以 Buffered 开头。利用缓冲流进行文件读取时，读入的数据先放入缓冲区，然后程序再从缓冲区中读数据；利用缓冲流进行输出时，数据先被写入缓冲区，然后再整块写入文件。

【例 3-14】字符缓冲流的使用。

```
import  java.io.BufferedReader;
import  java.io.BufferedWriter;
import  java.io.FileNotFoundException;
import  java.io.FileReader;
import  java.io.FileWriter;
import  java.io.IOException;
public class TestBuffer {
        public static void main(String args[]){
                FileReader in = null;
                BufferedReader br = null;
                FileWriter out = null;
                BufferedWriter bw = null;
                try {
                        in = new FileReader("d:\\io\\a.txt");
                        br = new BufferedReader(in);
                        out = new FileWriter("d:\\io\\b.txt");
                        bw = new BufferedWriter(out);
                        String s = null;
                        while((s=br.readLine())!=null){
```

```
                    System.out.println(s);
                    bw.write(s);
                    bw.newLine();
                    bw.flush();
                }
            } catch (FileNotFoundException e) {
                // TODO Auto-generated catch block
                e.printStackTrace();
            } catch (IOException e) {
                // TODO Auto-generated catch block
                e.printStackTrace();
            }finally{
                try {
                    in.close();
                    br.close();
                    out.close();
                    bw.close();
                } catch (IOException e) {
                    // TODO Auto-generated catch block
                    e.printStackTrace();
                }
            }
        }
}
```

程序运行结果如下。

```
aa
bb
cc
```

程序说明：本程序的功能是把“d:\\io\\a.txt”文件使用缓冲流复制到“d:\\io\\b.txt”文件中。缓冲流 BufferedInputStream、BufferedOutputStream、BufferedWriter 等都提供缓冲区。通常，使用缓冲流来“包裹”其他流，以便提高输入和输出的效率。

【例 3-15】 BufferedInputStream 与 BufferedOutputStream 的使用。

```
import  java.io.BufferedInputStream;
import  java.io.BufferedOutputStream;
import  java.io.FileInputStream;
import  java.io.FileNotFoundException;
import  java.io.FileOutputStream;
import  java.io.IOException;
public class BufferedStream {
    public static void main(String args[]) {
        BufferedInputStream bis = null;
        BufferedOutputStream bos = null;
        try {
```

```
                FileInputStream fis = new FileInputStream("d:\\io\\a.txt");
                bis = new BufferedInputStream(fis);
                FileOutputStream fos = new FileOutputStream("d:\\io\\bs.txt");
                bos = new BufferedOutputStream(fos);
                int b;
                // read()和 write()方法的使用
                while ((b = bis.read()) != -1) {
                    char c = (char) b;
                    System.out.print(c);
                    bos.write(b);
                }
                bos.flush();
                bos.close();
                bis.close();
            } catch (FileNotFoundException e) {
                System.out.println(e.getMessage());
                System.exit(-1);
            } catch (IOException e) {
                System.out.println(e.getMessage());
            }
        }
    }
```

【例 3-16】BufferedReader 与 BufferedWriter 的使用。

```
import  java.io.BufferedReader;
import  java.io.BufferedWriter;
import  java.io.FileNotFoundException;
import  java.io.FileReader;
import  java.io.FileWriter;
import  java.io.IOException;
public class BufferedRW {
    public static void main(String args[]) {
        BufferedReader br = null;
        BufferedWriter bw = null;
        try {
            FileReader fr = new FileReader("d:/io/brw_src.txt");
            br = new BufferedReader(fr);
            FileWriter fw = new FileWriter("d:/io/brw_des.txt");
            bw = new BufferedWriter(fw);
            // 在首位对字符进行标记
            br.mark(1);
            // 读一个字符
            System.out.println((char) br.read());
            // 读一行字符
```

```
                System.out.println(br.readLine());
                /*
                 * 复制文件
                 */
                // 再从文件头开始读
                br.reset();
                String str;
                while ((str = br.readLine()) != null) {
                    bw.write(str);
                    // bw.newLine();
                }
                bw.flush();
                bw.close();
                br.close();
            } catch (FileNotFoundException e) {
                System.out.println(e.getMessage());
                return;
            } catch (IOException e) {
                System.out.println(e.getMessage());
                return;
            }
            System.out.println("文件复制成功");
        }
    }
```

2. 数据输入/输出流

基本输入/输出流（例如，FileInputStream 和 FileOuputStream）中的方法只能用来处理字节或者字符。如果想要处理更为复杂的数据类型，就需要用一个类来“包裹”基本输入/输出流。数据输入/输出流类（DataInputStream 和 DataOutputStream）就是这样的类（通常被称为包装流类），常用来处理基本数据类型，例如，整型、浮点型、字符型和布尔型。后面要介绍的 BufferedReader 也是包装流，它用来处理字符串。

构造 DataInputStream 类或 DataOutputStream 类对象时，参数要求是其他 InputStream 类或者 OutputStream 类对象，这相当于用数据输入/输出流去“包裹”其他字节流，目的是完成更为复杂数据类型的访问。

DataInputStream 类中读取数据的方法都以“read”开头，例如，readByte()、readFloat()等，分别用于读取对应的数据类型；相似的，DataOutputStream 类中写数据的方法都以“write”开头，例如，writeInt()、writeChar()等，分别用于写入对应类型的数据。

数据输入/输出流以二进制方式读取和写入 Java 基本类型数据，所以在一台机器上写的一个数据文件可以在另一台具有不同文件系统的机器上读取。由于存储在 TestDataStream.txt 文件中的数据是二进制格式的，因此，当以文本方式打开或者浏览它时（如在 Windows 下用记事本打开），将看不到正确的内容，显示出来的是一些奇怪的符号。

【例 3-17】数据流的使用。

```
import   java.io.DataInputStream;
import   java.io.DataOutputStream;
```

```
import  java.io.FileInputStream;
import  java.io.FileNotFoundException;
import  java.io.FileOutputStream;
import  java.io.IOException;
public class DataStream {
    public static void main(String args[]) {
        FileOutputStream fos = null;
        DataOutputStream dos = null;
        try {
            // 写一个文件
            fos = new FileOutputStream("d:/io/ds.txt");
            dos = new DataOutputStream(fos);
            dos.writeInt(100);
            dos.writeDouble(200.5);
            dos.writeUTF("中国");
            dos.writeBoolean(false);
            dos.flush();
            dos.close();
            fos.close();
            // 读一个文件
            FileInputStream fis = new FileInputStream("d:/io/ds.txt");
            DataInputStream dis = new DataInputStream(fis);
            System.out.println(dis.readInt());
            System.out.println(dis.readDouble());
            System.out.println(dis.readUTF());
            System.out.println(dis.readBoolean());
        } catch (FileNotFoundException e) {
            System.out.println(e.getMessage());
        } catch (IOException e) {
            System.out.println(e.getMessage());
        } finally {
            try {
                if (dos != null) {
                    dos.close();
                }
                if (fos != null) {
                    fos.close();
                }
            } catch (IOException e) {
                e.printStackTrace();
            }
        }
    }
```

```
}
```

程序说明：本例使用 DataInputStream 类与 DataOutputStream 类包装了文件输入/输出流对文件进行读写。DataInputStream 与 DataOutputStream 可以读取和写入各种基本类型的数据。

3. 打印流

打印流 PrintStream 类和 PrintWriter 类提供了丰富的输出方法，使用打印流将数据写入文件后可以用文本方式浏览。

PrintStream 类和 PrintWriter 类为其他输出流添加了大量的输出功能，经过它们“包裹”的输出流可以用来向文件中写入各种类型的数据，其中包括整型、浮点型、字符型、布尔型、字符串、字符数组和对象类型。

构造 PrintStream 类和 PrintWriter 类对象时，参数可以是代表文件名的字符串，可以是代表某一文件的 File 类对象，也可以是其他 OutputStream 类对象。

PrintStream 类和 PrintWriter 类中为各种数据类型提供了 println()方法和 print()方法，println()方法和 print()方法的不同之处在于前者在输出数据后开始一个新行。

编程时经常用到的 System.out 对象就是 PrintStream 类的一个实例。

【例 3-18】打印流测试程序。

```
import  java.io.*;
public class TestPrintStream {
    public static void main(String[] args) {
        PrintStream ps = null;
        File f = new File("TestPrintStream.txt");
        try {
            // 用打印流“包裹”文件输出流，这里用 PrintWriter 类也可以
            ps = new PrintStream(new FileOutputStream(f));
            // 用打印流中的方法将字符串写入文件
            ps.println("北京时间 2006 年 6 月 20 日凌晨，世界杯 H 组第二轮第二场比赛在西
班牙和突尼斯间展开...");
            // 用打印流中的方法将 5 个随机整数写入文件
            for (int i = 0; i < 5; i++)
            ps.print((int) (Math.random() * 100) + " ");
            // 在文件中写入换行符
            ps.println();
            // 在文件中写入布尔类型
            ps.print(false);
            // 关闭打印流
            ps.close();
        } catch (IOException e) {
            e.printStackTrace();
        }
    }
}
```

例 3-18 编译运行后，产生一个名为 TestPrintStream.txt 的文件，以文本方式打开这个文件，可以看到的内容如图 3-7 所示。

```
北京时间2006年6月20日凌晨，世界杯H组第二轮第二场比赛在西班牙和突尼斯间展开...
20 47 94 91 75
false
```

图 3-7　文件 TestPrintStream.txt 中的内容

程序说明：PrintStream 类可以向文件中写入各种基本类型的数据，注意，由于随机产生了 5 个整数，因此，每次运行后文件 TestPrintStream.txt 的内容可能会有所不同。

4. 标准输入/输出流

System 类在 java.lang 包中，它是 final 类，不能被实例化。该类提供了一些非常有用的属性和方法，其中包含 3 个静态 I/O 对象：System.in、System.out 和 System.err，分别被称为标准输入流（键盘）、标准输出流（屏幕）和标准错误流（屏幕）。这 3 个对象是 Java 程序员经常使用的基本对象，用于从键盘读入、向屏幕输出和显示错误信息。

【例 3-19】标准输入/输出流测试程序。

```
import  java.io.*;
public class TestStandardStream {
    public static void main(String[] args) {
        byte[] b = new byte[100];
        try {
            System.out.println("请输入数据：");
            int b_length = System.in.read(b);
            System.out.println("向屏幕打印字节数组中的内容：");
            for (int i = 0; i < b_length; i++)
                System.out.print(b[i] + " ");
            System.out.println();
            System.out.println("向屏幕打印输入的数据：");
            for (int i = 0; i < b_length; i++)
                System.out.print((char) b[i]);
            System.out.println("输入的字节数：" + b_length);
        } catch (IOException e) {
        }
    }
}
```

程序运行结果如下。

```
请输入数据:
987abc@$ `23
向屏幕打印字节数组中的内容:
57 56 55 97 98 99 64 36 32 96 50 51 13 10
向屏幕打印输入的数据:
987abc@$ `23
```

```
输入的字节数：14
```

3.4 对象的序列化

通过使用 ObjectInputStream 类和 ObjectOutputStream 类保存和读取对象的机制叫作序列化机制，对象序列化是将对象转换为字节序列的过程。反序列化则是根据字节序列恢复对象的过程。序列化一般用于以下场景。

（1）永久性保存对象，保存对象的字节序列到本地文件中。

（2）通过序列化对象在网络中传递对象。

（3）通过序列化在进程间传递对象。

3.4.1 对象序列化概述

Java 平台允许我们在内存中创建可复用的 Java 对象，但一般情况下，只有当 JVM 处于运行状态时，这些对象才可能存在，即这些对象的生命周期不会比 JVM 的生命周期更长。但在现实应用中，可能要求在 JVM 停止运行之后能够保存指定的对象（持久化），并在将来重新读取被保存的对象。Java 对象序列化就能够帮助实现该功能。

使用 Java 对象序列化，在保存对象时，会把其状态保存为一组字节，未来再将这些字节组装成对象。必须注意的是，对象序列化保存的是对象的“状态”，即它的成员变量。由此可知，对象序列化不会关注类中的静态变量。

除了在持久化对象时会用到对象序列化之外，使用 RMI（远程方法调用），或在网络中传递对象时，都会用到对象序列化。Java 序列化 API 为处理对象序列化提供了一个标准机制，该 API 简单易用。

3.4.2 支持序列化的接口和类

序列化的过程，是将任何实现了 Serializable 接口或 Externalizable 接口的对象通过 ObjectOutputStream 类提供的相应方法转换为连续的字节数据，这些数据以后仍可通过 ObjectInputStream 类提供的相应方法还原为原来的对象状态，这样就可以将对象保存在本地文件中，或在网络和进程间传递。支持序列化的接口和类如下。

（1）Serializable 接口。

（2）Externalizable 接口。

（3）ObjectInputStream 类。

（4）ObjectOutputStream 类。

1. Serializable 接口

只有实现 Serializable 接口的对象可以被序列化工具存储和恢复，Serializable 接口没有定义任何属性或方法。它只用来表示一个类可以被序列化。如果一个类可以序列化，那么它的所有子类都可以序列化。JDK 类库中的一些类（如 String 类、包装类和 Date 类等）都实现了 Serializable 接口。

2. ObjectOutputStream 类与 ObjectInputStream 类

ObjectOutputStream 类继承自 OutputStream 类，并实现了 ObjectOutput 接口。它负责向流写入对象，构造方法如下。

```
ObjectOutputStream(OutputStream out)
```

主要方法如下。

```
void writeObject(Object obj)
```

该方法的功能是向指定的 OutputStream 类中写入对象 obj。

ObjectInputStream 类继承自 InputStream 类，并实现了 ObjectInput 接口。它负责从流中读取对象。构造方法如下。

```
ObjectInputStream(InputStream in)
```

主要方法如下。

```
void readObject(Object obj)
```

该方法的功能是从指定的 InputStream 中读取对象。

使用 ObjectOutputStream 类与 ObjectInputStream 类对对象进行序列化包括以下步骤。

（1）创建一个对象输出流，它可以包装一个其他类型的输出流，比如文件输出流。

```
ObjectOutputStream out=new ObjectOutputStream(new FileOutputStream("D:\\object
File.obj"));
```

（2）通过对象输出流的 writeObject()方法写对象。

```
out.writeObject("hello");
out.writeObject(new Date());
```

以上代码把一个 String 对象和一个 Date 对象都保存到 objectFile.obj 文件中，这个文件保存了这两个对象的序列化形式的数据。这种文件无法用普通的文本编辑器（比如 Windows 记事本）打开，其数据只有 ObjectInputStream 类才能识别它，才能对它进行反序列化。

对象的反序列化包括以下步骤。

（1）创建一个对象输入流，它可以包装一个其他类型的输入流，比如文件输入流。

```
ObjectInputStream in=new ObjectIntputStream(new fileInputStream("D:\\objectFile.obj"));
```

（2）通过对象输入流的 readObject()方法读对象。

```
String obj1=(String)in.readObject();
Date obj2=(Date)in.readObject(new Date());
```

为了能读出正确的数据，必须保证向对象输出流写对象的顺序与从对象输入流读对象的顺序一致。

【例 3-20】对象的序列化与反序列化实例。

```
import java.io.EOFException;
import java.io.FileInputStream;
import java.io.FileNotFoundException;
import java.io.FileOutputStream;
import java.io.IOException;
import java.io.ObjectInputStream;
import java.io.ObjectOutputStream;
import java.io.Serializable;
public class SerializationDemo {
    public static void main(String args[]) {
        FileOutputStream fos = null;
        ObjectOutputStream oos = null;
        try {
            Customer c1 = new Customer("Dingdang", 10, "kangfu", 200.0);
            Customer c2 = new Customer("Kenan", 7, "xiaonan", 2000.0);
            fos = new FileOutputStream("d:/io/customer.txt");
            oos = new ObjectOutputStream(fos);
            System.out.println("对象序列化...");
            oos.writeObject(c1);
```

```
            oos.writeObject(c2);
            oos.flush();
        } catch (FileNotFoundException e) {
            System.out.println(e.getMessage());
        } catch (IOException e) {
            System.out.println(e.getMessage());
        } finally {
            try {
                if (fos != null) {
                    fos.close();
                }
                if (oos != null) {
                    oos.close();
                }
            } catch (IOException e) {
                e.printStackTrace();
            }
        }
        ObjectInputStream ois = null;
        try {
            FileInputStream fis = new FileInputStream("d:/io/customer.txt");
            ois = new ObjectInputStream(fis);
            System.out.println("对象反序列化...");
            Object c = null;
            while ((c = ois.readObject()) != null) {
                Customer c1 = (Customer) c;
                System.out.println(c1.age + " " + c1.name + " " + c1.password);
            }
        } catch (FileNotFoundException e1) {
            e1.printStackTrace();
        } catch(EOFException e){
            System.out.println("读取完毕");
        } catch (IOException e2) {
            e2.printStackTrace();
        } catch (ClassNotFoundException e3) {
            e3.printStackTrace();
        } finally {
            if (ois != null) {
                try {
                    ois.close();
                } catch (IOException e) {
                    e.printStackTrace();
                }
```

```
                    }
               }
          }
     }
     class Customer implements Serializable {
          String name;
          int age;
          //transient String password;
          String password;
          double money;
          Customer(String name, int age, String password, double money) {
               this.name = name;
               this.age = age;
               this.password = password;
               this.money = money;
          }
          public String toString() {
              return "name=" + name + " age=" + age + " password=" + password
              + " money=" + money;
          }
     }
```

程序运行结果如下。

```
对象序列化...
对象反序列化...
10 Dingdang kangfu
7 Kenan xiaonan
读取完毕
```

程序说明：main()方法先在内存中创建了两个 Customer 类对象，Customer 类实现了 Serializable 接口。然后通过 ObjectOutputStream 类的 writeObject()方法把它们的序列化数据保存到 customer.txt 文件中，最后通过 ObjectInputStream 类的 readObject()方法从 customer.txt 文件中读取序列化数据，把它们恢复为内存中的对象。ObjectInputStream 类的 readObject()方法在进行反序列化时，不必调用类的构造方法，就可以在内存中创建一个新的对象，这个对象的属性值来自于对象的序列化数据。

在 Java 语言中，只要一个类实现了 java.io.Serializable 接口，它就可以被序列化。下面 Person 中的 Gender 类是一个枚举类型，表示性别。Java 的每个枚举类型都会默认继承类 java.lang.Enum，而该类实现了 Serializable 接口，所以枚举类型对象默认都是可以被序列化的。

```
public enum Gender {
   MALE, FEMALE
}
```

【例 3-21】Person 类的序列化与反序列化实例。

先定义 Person 类，它实现了 Serializable 接口，包含 3 个字段：name，String 类型；age，Integer 类型；gender，Gender 类型。另外，重写该类的 toString()方法，以便打印 Person 实例中的内容。

```
import java.io.Serializable;
public class Person implements Serializable {
```

```
        private String name = null;
        private Integer age = null;
        private Gender gender = null;
        public Person() {
            System.out.println("none-arg constructor");
        }
        public Person(String name, Integer age, Gender gender) {
            System.out.println("arg constructor");
            this.name = name;
            this.age = age;
            this.gender = gender;
        }
        public String getName() {
            return name;
        }
        public void setName(String name) {
            this.name = name;
        }
        public Integer getAge() {
            return age;
        }
        public void setAge(Integer age) {
            this.age = age;
        }
        public Gender getGender() {
            return gender;
        }
        public void setGender(Gender gender) {
            this.gender = gender;
        }
        @Override
        public String toString() {
            return "[" + name + ", " + age + ", " + gender + "]";
        }
    }
```

程序说明：SimpleSerial，是一个简单的序列化程序，它先将一个 Person 对象保存到文件 person.out 中，然后再从该文件中读出被存储的 Person 对象，并打印该对象。

```
    import   java.io.File;
    import   java.io.FileInputStream;
    import   java.io.FileOutputStream;
    import   java.io.ObjectInputStream;
    import   java.io.ObjectOutputStream;
    public class SimpleSerial {
```

```
    public static void main(String[] args) throws Exception {
        File file = new File("person.out");
        ObjectOutputStream oout = new ObjectOutputStream(new FileOutputStream(
                file));
        Person person = new Person("John", 31, Gender.MALE);
        oout.writeObject(person);
        oout.close();
        ObjectInputStream oin = new ObjectInputStream(new FileInputStream(file));
        Object newPerson = oin.readObject(); // 没有强制转换到 Person 类型
        oin.close();
        System.out.println(newPerson);
    }
}
```

上述程序的输出结果如下。

```
arg constructor
[John,31,MALE]
```

必须注意的是，当重新读取被保存的 Person 对象时，并没有调用 Person 的任何构造器，看起来就像是直接使用字节将 Person 对象还原出来的。当 Person 对象被保存到 person.out 文件后，我们可以在其他地方读取该文件以还原对象，但必须确保该读取程序的 CLASSPATH 中包含 Person.class（哪怕在读取 Person 对象时并没有显示使用 Person 类，如上例所示），否则会抛出 ClassNotFound Exception。

如果只是让某个类实现 Serializable 接口，而没有进行其他处理，也就是使用默认序列化机制。使用默认机制，在序列化对象时，不仅会序列化当前对象本身，还会对该对象引用的其他对象也进行序列化，同样地，这些对象引用的其他对象也将被序列化，以此类推。所以，如果一个对象包含的成员变量是容器类对象，而这些容器所含有的元素也是容器类对象，那么这个序列化的过程就会较复杂，开销也较大。

3. Externalizable 接口

我们可以让需要序列化的类实现 Serializable 接口的子接口 Externalizable，Serializable 接口表示实现该接口的类在序列化中由该类本身来控制信息的写出和读入。JDK 中提供了另一个序列化接口 Externalizable，使用该接口之后，之前基于 Serializable 接口的序列化机制就将失效。

【例 3-22】将 Person 类修改为实现 Externalizable 接口。

```
import java.io.Externalizable;
import java.io.IOException;
import java.io.ObjectInput;
import java.io.ObjectInputStream;
import java.io.ObjectOutput;
import java.io.ObjectOutputStream;
public class Person1 implements Externalizable {
    private String name = null;
    transient private Integer age = null;
    private Gender gender = null;
    public Person1() {
        System.out.println("none-arg constructor");
```

```
        }
        public Person1(String name, Integer age, Gender gender) {
            System.out.println("arg constructor");
            this.name = name;
            this.age = age;
            this.gender = gender;
        }
        private void writeObject(ObjectOutputStream out) throws IOException {
            out.defaultWriteObject();
            out.writeInt(age);
        }

        private void readObject(ObjectInputStream in) throws IOException, ClassNotFound
Exception {
            in.defaultReadObject();
            age = in.readInt();
        }

        @Override
        public void writeExternal(ObjectOutput out) throws IOException {
        }

        @Override
        public void readExternal(ObjectInput in) throws IOException, ClassNotFoundException {
        }

    }
```

此时再执行 SimpleSerial 程序之后会得到如下结果。

```
arg constructor
none-arg constructor
[null,null,null]
```

从该结果来看，一方面，可以看出 Person 对象中任何一个字段都没有被序列化。另一方面，如果细心，我们还可以发现这次序列化过程调用了 Person 类的无参构造器。

Externalizable 继承于 Serializable，当使用该接口时，序列化的细节需要由程序员去完成。如例 3-22 所示，由于 writeExternal()方法与 readExternal()方法未进行任何处理，因此，该序列化行为将不会保存/读取任何一个字段。这也就是输出结果中所有字段的值均为空的原因。

另外，使用 Externalizable 接口进行序列化时，当读取对象时，会调用被序列化类的无参构造器去创建一个新的对象，然后再将被保存对象的字段的值分别填充到新对象中。这就是在此次序列化过程中 Person 类的无参构造器会被调用的原因。故而，实现 Externalizable 接口的类必须要提供一个无参的构造器，且它的访问权限为 public。

对上述 Person 类进行进一步的修改，使其能够对 name 与 age 字段进行序列化，但忽略掉 gender 字段，代码如下所示。

```
import java.io.Externalizable;
import java.io.IOException;
import java.io.ObjectInput;
import java.io.ObjectInputStream;
import java.io.ObjectOutput;
import java.io.ObjectOutputStream;

public class Person2 implements Externalizable {
    private String name = null;
    private Integer age = null;
    private Gender gender = null;
    public Person2() {
        System.out.println("none-arg constructor");
    }
    public Person2(String name, Integer age, Gender gender) {
        System.out.println("arg constructor");
        this.name = name;
        this.age = age;
        this.gender = gender;
    }
    public String getName() {
            return name;
        }
        public void setName(String name) {
            this.name = name;
        }
        public Integer getAge() {
            return age;
        }
        public void setAge(Integer age) {
            this.age = age;
        }

        public Gender getGender() {
            return gender;
        }

        public void setGender(Gender gender) {
            this.gender = gender;
        }
    private void writeObject(ObjectOutputStream out) throws IOException {
        out.defaultWriteObject();
        out.writeInt(age);
```

```
    }
    private void readObject(ObjectInputStream in) throws IOException,
ClassNotFound Exception {
        in.defaultReadObject();
        age = in.readInt();
    }
    @Override
    public void writeExternal(ObjectOutput out) throws IOException {
        out.writeObject(name);
        out.writeInt(age);
    }
    @Override
    public String to String(){
        return"["+name+","+age+","+gender+"]";
    }
}
```

执行 SimpleSerial 之后会有如下结果。

```
arg constructor
none-arg constructor
[John,31,null]
```

3.4.3 对象序列化的条件

通过前面的介绍，总结出对象序列化条件如下。

（1）该对象类必须实现 Serializable 接口。

（2）如果该类有直接或者间接的不可序列化的基类，那么该基类必须有一个默认的构造器。该派生类需要负责将其基类中的数据写入流中。

（3）建议所有可序列化类都显式地声明 serialVersionUID 值。

serialVersionUID 在反序列化过程中用于验证序列化对象的发送者和接收者是否为该对象加载了与序列化兼容的类。如果接收者加载的该对象的类的 serialVersionUID 与对应的发送者的类的版本号不同，则反序列化将会导致 InvalidClassException。

3.4.4 transient

通常，对象中的所有属性都会被序列化。对于一些比较敏感的信息（比如用户的口令），一旦序列化后，人们就可以通过读取文件或者拦截网络传输数据的方式来获得这些信息。因此，出于安全的原因，应该禁止对这种属性进行序列化。解决办法就是把属性用 transient 修饰，transient 修饰的属性不进行序列化的操作，起到一定的消息屏蔽的作用，被 transient 修饰的属性可以正确的创建，但被系统赋为默认值。即 int 类型为 0，String 类型为 null。ObjectInputStream 类和 ObjectOutputStream 类不会保存和读写对象中的 transient 和 static 类型的成员变量。在某个字段被声明为 transient 后，默认序列化机制就会忽略该字段。例 3-20 中若将 Customer 类中的 password 字段声明为 transient，格式为 transient String password;则 password 字段不会参与序列化及反序列化过程。

3.5 本章小结

本章介绍了输入/输出流的基本概念，File 类的用法，常用的字节流和字符流的使用，节点流与处理流的用法以及对象序列化的方法。

3.6 本章习题

1. 填空题

（1）所有字节流类的基类是________________、______________。

（2）所有字符流类的基类是________________、______________。

（3）InputStream 类是以____________为信息的基本单位。

（4）Reader 类是以______________为信息的基本单位。

（5）_____________类用以处理文件和路径问题。

（6）Java 语言中标准输入/输出流对象是：__________________、______________、____________。

（7）System.in 的类型是____________。

（8）System.out 的类型是________________。

2. 选择题

（1）在使用 FileInputStream 流对象的 read()方法读取数据时可能会产生下列哪种类型的异常（　）。

A. ClassNotFoundException　　B. FileNotFoundException

C. RuntimeException　　D. IOException

（2）以下选项中属于字节流的是（　）。

A. FileInputSream　　B. FileWriter　　C. FileReader　　D. PrintWriter

（3）以下选项中不属于 File 类能够实现的功能的是（　）。

A. 建立文件　　B. 建立目录　　C. 获取文件属性　　D. 读取文件内容

（4）以下选项中哪个类是所有输入字节流的基类（　）。

A. InputStream　　B. OutputStream　　C. Reader　　D. Writer

（5）以下选项中哪个类是所有输出字符流的基类（　）。

A. InputStream　　B. OutputStream　　C. Reader　　D. Writer

（6）下列选项中能独立完成外部文件数据读取操作的流类是（　）。

A. InputStream　　B. FileInputStream

C. FilterInputStream　　D. DataInputStream

（7）下列选项中能独立完成外部文件数据读取操作的流类是（　）。

A. Reader　　B. FileReader

C. BufferedReader　　D. ReaderInputStream

（8）在建立 FileInputStream 流对象时可能会产生下列哪种类型的异常（　）。

A. ClassNotFoundException　　B. FileNotFoundException

C. RuntimeException　　D. AWTException

3. 编程题

（1）编写应用程序，使用 System.in.read()方法读取用户从键盘输入的字节数据，按<Enter>键后，把从键盘输入的数据存放到数组 buffer 中，并将用户输入的数据通过 System.out.print()方法显示在屏幕上。

（2）编写应用程序，使用 System.in.read()方法读取用户从键盘输入的字节数据，按<Enter>键后，把从键盘输入的数据存放到数组 buffer 中,并将用户输入的数据保存为指定路径下的文件。

（3）编写 Java 应用程序，使用 FileInputStream 类对象读取程序本身（或其他目录下的文件）并显示在屏幕上。

第 4 章 多线程

04

▶ 内容导学

前面各章中的应用程序都是单线程的程序，也就是说，程序从头到尾都是按顺序执行语句的，在程序开始至结束的这一段时间内只做一件事情。为了更好地利用 CPU 的资源，Java 语言提供了多线程机制，可以在设计程序时考虑在一段时间内同时做多件事情。学习完本章内容后，读者应学会 Java 多线程的实现方式，以及 Java 线程同步机制。

▶ 学习目标

① 理解线程的基本概念。
② 掌握多线程实现的两种方式。
③ 掌握线程的属性和控制。
④ 了解线程同步机制。

4.1 多线程简介

1. 程序、进程和多任务

程序是数据描述与操作代码的集合，是应用程序执行的脚本。进程是计算机在执行的程序的实体，是程序的依次执行过程，是操作系统运行程序的基本单位。程序是静态的，进程是动态的。系统运行一个程序是一个进程从创建、运行到消亡的过程。

操作系统可以为一个程序同时创建多个进程。例如，同时打开两个记事本文件。操作系统为每一个进程分配独立的一块内存空间和一组系统资源，即使同类进程之间也不会共享系统资源。

多任务是指在一个系统中同时运行多个程序，即有多个独立运行的任务，每一个任务对应一个进程。例如，一边使用 Word 编写文档，一边使用播放器播放音乐。

由于一个 CPU 在同一时刻只能执行一个程序中的一条指令。实际上，多任务运行的并发机制可以使这些任务交替运行，因间隔时间短，所以用户感觉就是多个程序在同时运行。如果是多个 CPU，可以同时执行多个任务。

2. 线程

运行一个程序时，程序内部的代码都是按顺序先后执行的。如果能够将一个进程划分为更小的运行单位，则程序中一些彼此相对独立的代码段就可以重叠运行，这样会获得更高的执行效率。线程就是用来解决这个问题的。

线程是比进程更小的运行单位，是程序中单个顺序的流控制。一个进程可以包含多个线程。

线程是一种特殊的多任务方式。当一个程序执行多线程时，可以运行两个或更多的由同一个程序创建的任务。这样，一个程序可以使多个活动任务同时发生。例如，可以一边浏览网页一边下载新网页，还可以同时显示动画和播放音乐。

线程与任何一个程序一样，有一个开始、一系列可执行的命令序列、一个结束。在执行的任何时刻，它只有一个执行点。线程与程序不同的是，线程本身不能独立运行，它只能包含在程序中，只能在程序中执行。线程在程序运行时，必须争取到为自己分配的系统资源，如执行堆栈、程序计数器等。

3. 进程和线程的区别

每个进程都有独立的代码和数据空间，进程的切换会有很大的开销。同一类线程共享代码和数据空间，每个线程有独立运行的栈和程序计数器；线程切换的开销小。多进程是在操作系统中能同时运行多个任务（程序）；多线程是在同一应用程序中有多个顺序流同时执行。一个进程中可以包含一个或多个线程，一个线程就是一个程序内部的一条执行线索。

4. 多线程

单个线程没有什么特别的意义。真正有用的是具有多线程的程序。

多线程是相对于单线程而言的，指的是在一个程序中可以定义多个线程并同时运行它们，每个线程可以执行不同的任务。与进程不同的是，同类多线程共享一段内存空间和一组系统资源，所以，系统创建多线程花费代价较小。因此，线程也称为轻负荷线程。在单处理器的系统中，多个并发执行的线程可以分享 CPU 的时间，操作系统负责对它们进行调度和资源分配，从宏观上看，这些线程好像是在并行执行。但是实际上，在任意时刻，只能有一个线程在使用 CPU。只有在多处理器的系统中，多个线程才能达到真正意义上的并行执行。

多线程有许多用途，它在图形用户界面程序设计和网络程序设计中非常常用，多线程不仅可以有效地利用 CPU 资源，还可以有效地优化程序的吞吐量。在单处理器的系统中，多个线程的调度会降低一些效率；但是从程序设计、资源平衡和用户使用方便等方面来看，所牺牲的效率是完全值得的。

多线程和多任务是两个既有联系又有区别的概念，多任务是针对操作系统而言的，代表着操作系统可以同时执行的程序个数；多线程是针对一个程序而言的，代表着一个程序内部可以同时执行的线程的个数，而每个线程可以完成不同的任务。

【例 4-1】多线程模拟迎接客人、包饺子和炒花生 3 个任务同时进行。

```
public class HostAParty {
    public static void main(String[] args) {
        MakeDumpling dumpling = new MakeDumpling();
        MakePeanuts peanuts = new MakePeanuts();
        Thread t1 = new Thread(dumpling);
        Thread t2 = new Thread(peanuts);
        t1.start();
        t2.start();
        for(int i=0;i<=30;i++){
            System.out.println("客人"+i+":请进");
        }
    }
}
public class MakeDumpling implements   Runnable{//创建线程实现包饺子功能
    public void run() {
        System.out.println("饺子：和面");
        System.out.println("饺子：和馅");
        for(int i=0;i<30;i++){
            System.out.println("饺子：擀饺子皮");
            System.out.println("饺子：包饺子");
        }
        System.out.println("饺子：煮饺子");
```

```
        }
}
public class MakePeanuts implements Runnable{//创建线程实现炒花生功能
        publicvoid run() {
                System.out.println("花生：锅内倒油");
                System.out.println("花生：放入花生");
                for(int i=0;i<30;i++){
                        System.out.println("花生：不断翻炒");
                }
                System.out.println("花生：盛出花生");
        }
}
```

程序运行结果如下。

```
饺子：和面
花生：锅内倒油
客人 0:请进
花生：放入花生
饺子：和馅
饺子：擀饺子皮
饺子：包饺子
花生：不断翻炒
花生：不断翻炒
花生：不断翻炒
客人 1:请进
花生：不断翻炒
花生：不断翻炒
饺子：擀饺子皮
饺子：包饺子
饺子：擀饺子皮
饺子：包饺子
饺子：擀饺子皮
饺子：包饺子
饺子：擀饺子皮
饺子：包饺子
饺子：煮饺子
花生：盛出花生
客人 2:请进
客人 3:请进
客人 4:请进
客人 5:请进
……
```

程序说明：由运行结果可以看出，多线程就是多个任务并发执行，此程序有 3 个线程在同时运行，分别为 MakeDumpling、MakePeanuts 和主线程。

4.2 多线程实现的两种方式

Java 实现多线程有两种方法，如下。

（1）继承 Thread 类。

（2）实现 Runnable 接口。

两种方法的共同点如下。

无论用哪种方法，都必须用 Thread（如果是 Thead 子类，就用它本身）产生线程，然后再调用 start()方法。

两种方法的不同点如下。

（1）继承 Thread 类有一个缺点就是单继承，而实现 Runnable 接口则弥补了它的缺点，可以实现多继承。

（2）继承 Thread 类，如果产生 Runnable 实例对象，就必须产生多个 Runnable 实例对象，然后再用 Thread 产生多个线程；而实现 Runnable 接口，只需要建立一个实现这个类的实例，然后用这个实例对象产生多个线程，即实现了资源的共享性。

基于以上两点，建议用第二种方法。

4.2.1 继承 Thread 类

在 Java 语言中编写一个线程非常容易，最简单的做法就是继承类 java.lang.Thread，这个类已经具有了创建和运行一个线程所必需的基本内容。Thread 类中最重要的方法就是 run()，用于实现一个线程实际功能的代码都放在这个方法内。因此，在从 Thread 类继承后，需要覆盖这个方法，把希望并行处理的代码都写在 run()方法中，这样这些代码就能够与程序中的其他线程“同时”执行。

1. 线程的执行

线程类编写好以后，要想启动线程的运行，首先需要创建线程类的对象，并通过对象引用去调用 start()方法开启线程的执行，然后由线程执行机制通过 start()方法调用 run()方法。如果不调用 start()方法，则线程永远不会启动。Thread 类中的 run()方法从来不会被显式调用，start()方法也不会被覆盖。

2. 多线程的并发

在程序中使用 start()方法启动了一个线程后，程序控制立刻返回给调用方法，然后新线程与调用方法就开始并发地执行。无论程序中启动了多少个线程，这些线程都共享 CPU 的处理资源，Java 语言的线程调度机制负责这些线程之间的切换。从宏观上看，这些线程是在并行执行的，但是，在单 CPU 的系统中，任意时刻只有一个线程在使用 CPU。由于线程调度机制的行为是不确定的，所以哪一时刻该哪一个线程使用 CPU 执行代码也是不确定的，这样会导致程序每次运行的输出结果都不尽相同。

【例 4-2】继承 Thread 类实现线程。

```
public class  ThreadDemo extends Thread{
      public void run(){
            for(int i=0;i<20;i++){
                  System.out.println("Thread:"+i);
            }
      }
}
public class TestThread {
```

```
        public static void main(String[] args) {
                ThreadDemo t = new   ThreadDemo();
                t.start();
                for(int i=0;i<20;i++){
                        System.out.println("Main:"+i);
                }
        }
}
```

程序运行结果如下。

```
Thread:0
Main:1
Thread:1
Thread:2
Main:2
Main:3
Thread:3
Main:4
Thread:4
……
```

从运行结果可以看出，主线程和子线程在交替运行。线程中定义的 run()方法不用像普通方法那样去调用，而是当调用线程的 start()方法时，这个方法自动会被执行。图 4-1 显示了单线程与多线程的区别。

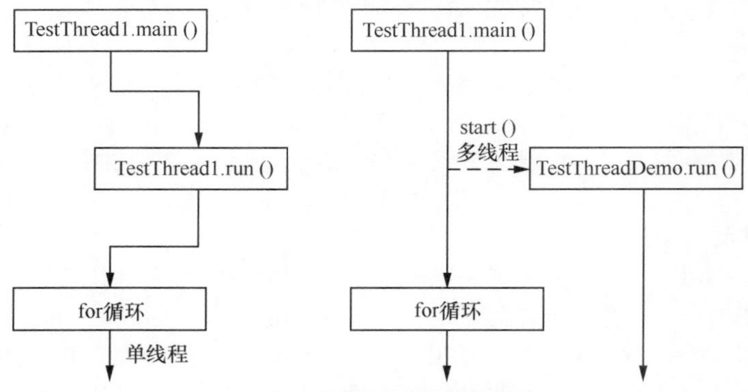

图 4-1　单线程与多线程的区别

【例 4-3】分别显示数字和字母的多线程程序。

```
public class Threads {
        public static void main(String[] args) {
                System.out.print("main begins   ");
                Threads1 nt1 = new Threads1(); // 创建 Threads1 类的对象
                Threads2 nt2 = new Threads2(); // 创建 Threads2 类的对象
                nt1.start(); // 通过 Threads1 类的对象调用 start 方法，启动线程执行
                nt2.start(); // 通过 Threads2 类的对象调用 start 方法，启动线程执行
                System.out.print("main ends   ");
        }
```

```
    }

    class Threads1 extends Thread // 通过继承 Thread 类，编写线程类 Threads1
    {
        public void run() // 线程运行时执行的代码
        {
            for (int i = 1; i <= 50; i++)
            System.out.print(i + "    ");
        }
    }

    class Threads2 extends Thread // 通过继承 Thread 类，编写线程类 Threads2
    {
        public void run() // 线程运行时执行的代码
        {
            for (char c = 'A'; c <= 'Z'; c++)
            System.out.print(c + "    ");
            for (char c = 'a'; c <= 'z'; c++)
            System.out.print(c + "    ");
        }
    }
```

程序第一次运行后的结果如下。

```
    main begins  main ends  1  A  2  B  3  C  4  D  5  E  6  F  7  G  8  H  9  I
10  J  11  K  L  12  M  13  14  15  16  17  N  18  O  19  P  20  Q  R  S  T
21  U  22  V  23  W  24  X  25  Y  26  Z  27  a  28  b  29  c  30  d  31  e  32
f  33  g  34  h  35  i  36  j  37  k  38  l  39  m  40  n  41  o  42  p  43  q  44
r  45  s  46  t  47  u  48  v  49  50  w  x  y  z
```

程序第二次运行后的结果如下。

```
    main begins  main ends  1  2  3  4  A  5  6  7  8  9  10  11  12  13  14  15
16  17  18  19  20  21  B  22  C  23  24  25  26  D  27  28  E  F  29  G  30  H
31  I  32  J  33  K  34  L  35  M  36  N  37  O  38  P  39  Q  40  R  41  S  42
T  43  U  44  V  45  W  46  X  47  Y  48  Z  49  a  50  b  c  d  e  f  g  h  i  j
k  l  m  n  o  p  q  r  s  t  u  v  w  x  y  z
```

程序说明：在例 4-3 中编写了两个线程类 Threads1 和 Threads2，它们都继承了 Thread 类。这两个类中都有 run()方法，方法内的代码是线程在运行时执行的。在主类的 main()方法中，创建了两个线程类的对象，并通过对象调用它们的 start()方法开启两个线程的运行。

从运行结果中可以看到，main()方法和两个 run()方法的执行输出交织在一起，一个方法的执行还没有结束，另外一个方法已经开始执行了，并且 main()方法的最后一条语句在两个 run()方法开始执行之前就已经执行完毕。

程序连续两次运行的结果并不相同，读者运行例 4-3 中的程序时，所得到的结果也可能会与本书的结果不同。

读者还可以仿照例 4-3 进行一个编程练习。要求如下：利用 Thread 类编写一个线程类，这个线程类应该有一个标识线程的 id 属性，并且有一个带参构造方法，希望并发执行的代码写在这个线程类的

run()方法中。在主类中创建这个线程类的多个对象，每个对象有不同的标识，然后启动这些线程。编译程序并多次运行它，观察输出结果，体会多线程的并发机制。

4.2.2 实现 Runnable 接口

在 Java 语言中，除了使用继承 Thread 类来建立线程类外，还可以通过实现 Runnable 接口来编写线程。

Runnable 接口很简单，它只包含 run()方法。利用 Runnable 接口开始一个线程，首先需要编写一个实现 Runnable 接口的类，并在这个类中覆盖接口中的 run()方法，像继承 Thread 类那样，在 run()方法中写入希望并发执行的代码；然后使用 Thread 类的构造方法创建线程对象：

```
public Thread(Runnable target)
```

target 参数是实现了 Runnable 接口的类的对象；最后通过调用线程对象的 start()方法启动线程的执行。

【例 4-4】例 4-2 改为用 Runnable 接口实现。

```
public class RunnableDemo implements   Runnable{
        public   void run() {
                for(int i=0;i<20;i++){
                        System.out.println("runnable:"+i);
                }
        }
}
public class TestRunnable {
        public static void main(String[] args) {
                RunnableDemo runner = new RunnableDemo();
                Thread t = new Thread(runner);
                t.start();
                for(int i=0;i<20;i++){
                        System.out.println("Main:"+i);
                }
        }
}
```

【例 4-5】使用 Runnable 接口实现多线程程序。

```
public class   Threads_Runnable {
        public static void main(String[] args) {
                // 利用 Thread 类构造线程实例，参数是实现了 Runnable 接口的类
                Thread t1 = new Thread(new Threadss(1));
                Thread t2 = new Thread(new Threadss(2));
                t1.start();
                t2.start();
                // main()方法的循环打印语句
                for (int i = 0; i < 3; i++)
                System.out.println("main print " + i);
        }
```

```
}
class Threadss implements Runnable {    // 实现 Runnable 接口
    int  i; // 线程的标识
    Threadss(int i) {
        this.i = i;
    }
    public void run() {    // 覆盖 Runnable 接口中的 run()方法
        for (int ii = 0; ii < 3; ii++)
        // 循环打印语句
        System.out.println("Thread " + i + " print " + ii);
    }
}
```

程序运行结果如下。

```
main print 0
Thread 2 print 0
Thread 2 print 1
Thread 2 print 2
Thread 1 print 0
main print 1
main print 2
Thread 1 print 1
Thread 1 print 2
```

程序说明：编写了一个 Threads 类实现了 Runnable 接口，并且覆盖了 Runnable 接口中的 run()方法。在主类 Threads_Runnable 中，以 Threads 类的对象作为参数构造了 Thread 类的两个对象，即生成两个线程，并通过调用 start()方法启动这两个线程。通过运行结果可知，两个线程中的打印语句与 main()方法中的打印语句并发执行，交替输出运行结果。读者可以尝试多次运行这段程序，会发现运行结果不唯一，但始终保证 3 段打印语句轮流执行。

4.2.3 两种实现方式的比较

既然 Tread 类可以实现线程的编写，为什么还需要 Runnable 接口呢？如果一个对象仅仅是作为线程创建的，并不具有任何其他行为，那么通过继承 Thread 类来编写线程是很合理的。然而，有时一个类可能已经继承了其他类，这时如果还想实现代码的并发就需要这个类同时继承 Thread 类，但 Java 语言中并不支持多重继承。这时，可以使用 Runnable 接口达到上述目的。事实上，Thread 类也是从 Runnable 接口实现而来的。但是 Runnable 接口并不像 Thread 类那样，它本身并不带有任何和线程相关的特性。因此，借助于 Runnable 对象产生一个线程时，就必须像例 4-2 那样建立一个单独的 Thread 对象，并把 Runnable 对象作为参数传递给 Thread 类的构造方法。然后通过这个线程对象的 start()方法执行一些通常的初始化动作，再调用 run()方法执行并发代码。

使用 Runnable 接口可以避免由于 Java 语言的单继承性带来的局限，适合多个相同的程序代码的线程处理同一资源的情况，把线程同程序的代码、数据有效的分离。因此，推荐使用实现 Runnable 接口方式。

【例 4-6】使用实现 Runnable 接口和继承 Thread 类两种方式定义多线程模拟火车站 3 个窗口的售票功能。

```
public class TicketRunnable implements  Runnable{  //实现 Runnable 接口
    private int tickets = 50;
    public void run() {
        while(true){
            if(tickets>0){
                System.out.println(Thread.currentThread().getName()+
            " issaling ticket "+tickets);
                try {
                    Thread.sleep(10);//线程休眠 10ms
                } catch (InterruptedException e) {
                    e.printStackTrace();
                }
                tickets--;
            }
            else{
                break;
            }
        }
    }
    public int getTickets(){
        return  tickets;
    }
}
public class TicketThread extends Thread {  //继承 Thread 类
    private int tickets = 50;
    public void run(){
        while(true){
            if(tickets>0){
                System.out.println(Thread.currentThread().getName()+
                        " issaling ticket "+tickets--);
            }
            else{
                break;
            }
        }
    }
    public int getTicket(){
        return tickets;
    }
}
public class  TestTicket {
```

```
    public static void main(String[] args) {
        //使用 Runnable
        TicketRunnable runner = new TicketRunnable();
        Thread t1 = new Thread(runner);
        Thread t2 = new Thread(runner);
        Thread t3 = new Thread(runner);        //创建 3 个线程模拟 3 个窗口售票
        t1.start();
        t2.start();
        t3.start();
        //使用 Thread 方式
        /*
        TicketThread t1 = new TicketThread();
        TicketThread t2 = new TicketThread();
        TicketThread t3 = new TicketThread();
        t1.start();
        t2.start();
        t3.start();
        */
    }
}
```

4.3 线程的属性和控制

4.3.1 线程状态及其生命周期

一个 Thread 对象在它的整个生存期中能以几种不同的状态存在，如图 4-2 所示。start()方法使线程处于可以运行的状态，但不一定意味着该线程立即开始运行。

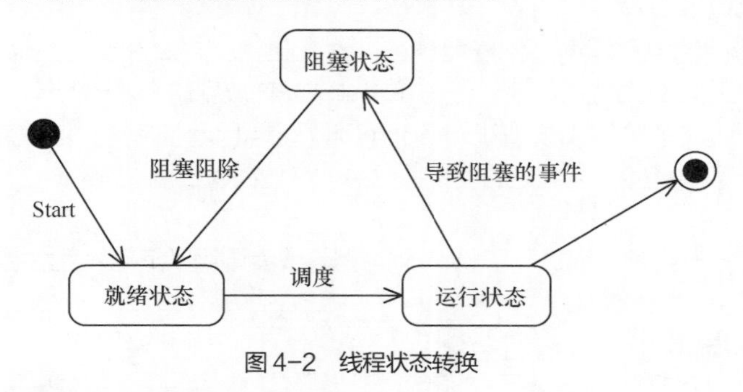

图 4-2 线程状态转换

包含等待状态的线程状态转换如图 4-3 所示。

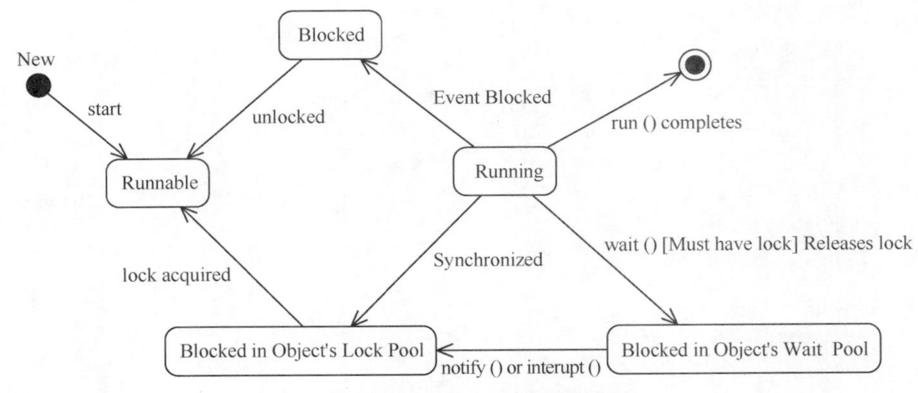

图 4-3 包含等待状态的线程状态转换

图 4-3 包含等待状态的线程状态转换图包括以下状态。

1. 创建状态（New）

用 new 语句创建的线程对象处于新建状态，此时它和其他 Java 对象一样，仅仅在堆中被分配了内存。

2. 就绪状态（Runnable）

当一个线程对象创建后，其他线程调用它的 start()方法，该线程就进入就绪状态，Java 虚拟机（JVM）会为它创建方法调用栈和程序计数器。处于这个状态的线程位于可运行池中，等待获得 CPU 的使用权。

3. 运行状态（Running）

处于运行状态的线程占用CPU，执行程序代码。在并发运行环境中，如果计算机中有只有一个CPU，那么任何时刻只会有一个线程处于运行状态。如果计算机有多个CPU，那么同一时刻可以让几个线程占用不同的 CPU，使它们处于运行状态。只有处于就绪状态的线程才有机会转到运行状态。

4. 阻塞状态（Blocked）

阻塞状态是指线程因某些原因放弃 CPU，暂时停止运行。当线程处于阻塞状态时，Java 虚拟机不会给线程分配 CPU，直到线程重新进入就绪状态，它才有机会转到运行状态。

阻塞状态可分为以下 3 种。

（1）位于对象等待池中的阻塞状态（Blocked in Object's Wait Pool）：当线程处于运行状态时，如果执行了某个对象的 wait()方法，Java 虚拟机就会把线程放到这个对象的等待池中。

（2）位于对象锁池中的等待状态（Blocked in Object's Lock Pool）：当线程处于运行状态，试图获得某个对象的同步锁时，如果该对象的同步锁已经被其他线程占用，Java 虚拟机就会把这个线程放到这个对象的锁池中。

（3）其他阻塞状态：当前线程执行了 sleep()方法，或者调用了其他线程的 join()方法，或者发出了 I/O 请求时，就会进入这个状态。

5. 死亡状态（Dead）

当线程退出 run()方法时，就进入死亡状态，该线程结束生命周期。线程有可能是正常执行完 run()方法退出，也有可能是遇到异常而退出。不管线程正常结束还是异常结束，都不会对其他线程造成影响。

4.3.2 线程类的主要方法

常用的控制线程的方法如下。

1. public void run()

线程运行时调用的方法，用户编写的线程类必须覆盖这个方法，把需要并发执行的代码写入方法中。

2. public void start()

启动线程的执行，它会引起 Java 虚拟机调用 run()方法运行线程。事实上，run()方法永远不会被显式调用，而是通过 start()方法间接调用。

3. public static void sleep(long millis) throws InterruptedException

使当前运行的线程休眠 millis 指定的毫秒数。

4. public final void wait() throws InterruptedException

使当前线程处于等待状态，直到其他线程唤醒它。

5. public final void notify()

唤醒一个正在等待的线程。

6. public final void notifyAll()

唤醒所有正在等待的线程。

7. public static void yield()

当前正在运行的线程让出 CPU 的处理资源，允许其他线程运行。

8. public boolean isAlive()

判断线程是否还“活”着，即线程是否还未终止。

9. join()

调用某线程的 join()方法，将当前线程与该线程“合并”，即等待该线程结束，再恢复当前线程的运行。

4.3.3 线程优先级

Java 语言提供一个线程调度器来监控程序中启动后进入就绪状态的所有线程，线程调度器按照线程的优先级来决定应调度哪个线程来执行。Java 线程的优先级用 1～10 的整数来表示，数字越小则优先级越低。但是 Java 的优先级是高度依赖于操作系统实现的。

1. Thread 类中的静态属性

MIN_PRIORITY、MAX_PRIORITY 和 NORM_PRIORITY 分别用来表示线程的最小、最大和默认的优先级。

2. setPriority()和 getPriority()方法

这两个方法分别用于设置和读取线程的优先级。

3. 优先级对线程执行的影响

一个线程创建之后，它默认的优先级是 5。可以使用 setPriority()方法和 getPriority()方法对线程的优先级进行设置。线程的优先级能表明它的重要性。虽然多个线程分时使用 CPU 的顺序是不固定的，但是如果某个线程的优先级较高，则它获得 CPU 的机会就相对较大。然而，这并不意味着低优先级的线程永远得不到执行，只不过会导致它执行的效率较低而已。

【例 4-7】线程优先级实例。

```
public class T1 extends Thread {
        private boolean timeout = false;
        public void run() {
                while (!timeout) {
                        for (int i = 0; i < 20; i++) {
                                System.out.println("--t1--:" + i);
```

```
                }
            }
        }

        public void stopThread() {
            timeout = true;
        }
}
public class T2 extends Thread{
        public void run(){
            for (int i = 0; i < 20; i++) {
                System.out.println("--t2--:" + i);
            }
        }
}
public class TestPriority {
        public static void main(String[] args) {
            T1 t1 = new T1();
            T2 t2 = new T2();
            t1.setPriority(Thread.NORM_PRIORITY + 2);
            t1.start();
            t2.start();

            try {
                t2.join();//t2 线程加入进来，则 t1 线程阻塞了
            } catch (InterruptedException e) {
                e.printStackTrace();
            }
            t1.stopThread();
            System.out.println("t1 的优先级：" + t1.getPriority());
            System.out.println("t2 的优先级：" + t2.getPriority());
        }
}
```

程序运行结果如下。

```
--t2--:0
--t1--:0
--t2--:1
--t1--:1
--t1--:2
--t2--:2
--t1--:3
--t2--:3
--t1--:4
```

```
--t2--:4
--t1--:5
--t2--:5
--t1--:6
--t2--:6
--t1--:7
--t2--:7
--t1--:8
--t2--:8
--t1--:9
--t2--:9
--t1--:10
--t2--:10
--t1--:11
--t2--:11
--t1--:12
--t2--:12
--t1--:13
--t1--:14
--t1--:15
--t1--:16
--t2--:13
--t1--:17
--t2--:14
--t1--:18
--t2--:15
--t1--:19
--t2--:16
--t2--:17
--t1--:0
--t2--:18
--t1--:1
--t2--:19
--t1--:2
--t1--:3
--t1--:4
--t1--:5
t1 的优先级：7
--t1--:6
t2 的优先级：5
--t1--:7
--t1--:8
--t1--:9
```

```
--t1--:10
--t1--:11
--t1--:12
--t1--:13
--t1--:14
--t1--:15
--t1--:16
--t1--:17
--t1--:18
--t1--:19
```

程序说明：与线程休眠类似，线程的优先级仍然无法保障线程的执行次序，但优先级高的线程获取CPU 资源的概率更大。线程的优先级用 1～10 之间的整数表示，数值越大优先级越高，默认的优先级为 5。在一个线程中开启另外一个新线程，则新开启的线程称为该线程的子线程，子线程初始优先级与父线程相同。

【例 4-8】测试线程优先级程序。

```
//主类 ThreadPriority
public class ThreadPriority{
        public static void main(String argv[]){
                //显示线程类的优先级常量
                System.out.println("MIN_PRIORITY:"+Thread.MIN_PRIORITY);
                System.out.println("MAX_PRIORITY:"+Thread.MAX_PRIORITY);
                System.out.println("NORM_PRIORITY:"+Thread.NORM_PRIORITY);
                //显示创建两个线程，并设置优先级
                MyThread1 t1=new MyThread1();
                MyThread2 t2=new MyThread2();
                System.out.println("MyThread t1 Priority:"+t1.getPriority());
                System.out.println("MyThread t2 Priority:"+t2.getPriority());
                t1.setPriority(2);
                t2.setPriority(6);
                System.out.println("MyThread t1 Priority:"+t1.getPriority());
                System.out.println("MyThread t2 Priority:"+t2.getPriority());
                //优先级设定后,启动线程的运行，观察输出
                t1.start();
                t2.start();
        }
}

//线程类 MyThread1
class MyThread1 extends Thread{
        public void run(){
                int i;
                for(i=0;i<10;i++)
                System.out.println("Thread1: "+i);
```

```
            System.out.println("Thread1 end");
        }
}
//线程类 MyThread2
class MyThread2 extends Thread{
        public void run(){
            int i;
            for(i=0;i<10;i++)
            System.out.println("Thread2: "+i);
            System.out.println("Thread2 end");
        }
}
```

上述代码通过编译和运行后，输出的结果如下。

```
MIN_PRIORITY:1
MAX_PRIORITY:10
NORM_PRIORITY:5
MyThread t1 Priority:5
MyThread t2 Priority:5
MyThread t1 Priority:2
MyThread t2 Priority:6
Thread2: 0
Thread2: 1
Thread2: 2
Thread2: 3
Thread2: 4
Thread2: 5
Thread2: 6
Thread2: 7
Thread2: 8
Thread2: 9
Thread2 end
Thread1: 0
Thread1: 1
Thread1: 2
Thread1: 3
Thread1: 4
Thread1: 5
Thread1: 6
Thread1: 7
Thread1: 8
Thread1: 9
Thread1 end
```

程序说明：在例 4-8 中，程序首先向屏幕输出 Thread 类中用于表示线程优先级的常量，其中线程最小的优先级是 1，最大的优先级是 10，默认的优先级是 5；接着，程序创建 t1 和 t2 两个线程，从程序的输出结果中可以看到，这两个线程的优先级都是 5；然后，更改两个线程的优先级，更改后，线程 t2 的优先级比 t1 高；最后，启动 t1 和 t2 的运行，发现 t2 比 t1 先执行结束。

4.3.4 线程休眠和线程中断

以下调用线程的 3 个方法，会使线程处于休眠和中断状态。

（1）static void sleep(long millis)方法暂时停止执行 millis 毫秒，执行该方法后，当前线程将休眠指定的时间段，如果任何一个线程中断了当前线程的休眠，该方法将抛出 InterruptedException 异常对象，所以在使用 sleep()方法时，必须捕获该异常。

（2）void join()方法使当前执行的线程停下来等待，直至 join()方法所调用的那个线程结束时，再恢复执行。

（3）static void yield()方法暂停当前正在执行的线程对象，并执行其他线程。

【例 4-9】使用 sleep()方法制作时钟。

```
import  java.text.SimpleDateFormat;
import  java.util.Date;
public class ShowDate implements Runnable {
    int count = 0;
    public void run() {
        while (true) {
            Date now = new Date();
            SimpleDateFormat sdf = new SimpleDateFormat("yyyy-MM-dd HH:mm:ss");
            String time = sdf.format(now);
            System.out.println(time);
            count++;
            if(count>10){
                break;
            }
            try {
                Thread.sleep(1000);
            } catch (InterruptedException e) {
                e.printStackTrace();
            }
        }
    }
}
public class DateDemo {
    public static void main(String[] args) {
        ShowDate date = new ShowDate();
        Thread t = new Thread(date);
        t.start();
    }
}
```

程序运行结果如下。

```
2015-08-14 10:29:34
2015-08-14 10:29:35
2015-08-14 10:29:36
2015-08-14 10:29:37
2015-08-14 10:29:38
……
2015-08-14 10:29:44
```

程序说明：程序使用 sleep()方法每显示一次时间会让线程休眠 1 分钟。

【例 4-10】 join()方法的使用。

```
public class Machine extends Thread{
	public void run() {
		for(int a=0;a<50;a++){
			System.out.println(getName()+":"+a);
		}
	}
}
public class TestJoin {
	public static void main(String[] args) throws InterruptedException {
		Machine machine=new Machine();
		machine.setName("m1");
		machine.start();
		System.out.println("main:join machine");
		machine.join();
		System.out.println("main:end");
	}
}
```

程序运行结果如下。

```
main:join machine
m1:0
m1:1
m1:2
m1:3
m1:4
m1:5
m1:6
m1:7
m1:8
m1:9
m1:10
m1:11
m1:12
m1:13
```

```
m1:14
m1:15
m1:16
m1:17
m1:18
m1:19
m1:20
m1:21
m1:22
m1:23
m1:24
m1:25
m1:26
m1:27
m1:28
m1:29
m1:30
m1:31
m1:32
m1:33
m1:34
m1:35
m1:36
m1:37
m1:38
m1:39
m1:40
m1:41
m1:42
m1:43
m1:44
m1:45
m1:46
m1:47
m1:48
m1:49
main:end
```

程序说明：在例 4-10 的 Machine 类的 main()方法中，主线程调用了 machine 线程的 join()方法，主线程等到 machine 线程运行结束后才会恢复运行。

【例 4-11】yield()方法的使用。

```
public class YieldThread extends Thread{
    YieldThread(String s) {
        super(s);
```

```
        }
        public void run() {
                for (int i = 1; i <= 30; i++) {
                        System.out.print(getName() + ":" + i+"");
                        if ((i % 10) == 0) {
                                yield();
                                System.out.println();
                        }
                }
        }
}
public class TestYield {
        public static void main(String[] args) {
                YieldThread y1 = new YieldThread("y1");
                YieldThread y2 = new YieldThread("y2");
                y1.start();
                y2.start();
        }
}
```

程序运行结果如下。

```
y1:1 y2:1 y1:2 y2:2 y1:3 y2:3 y1:4 y2:4 y1:5 y2:5 y1:6 y2:6 y2:7 y1:7 y2:8 y1:8 y2:9 y1:9 y2:10 y1:10 y1:11
y1:12 y2:11 y1:13 y2:12 y1:14 y2:13 y1:15 y2:14 y1:16 y2:15 y2:16 y1:17 y1:18 y2:17 y2:18 y2:19 y2:20 y1:19 y1:20 y2:21
y2:22 y1:21 y1:22 y2:23 y1:23 y2:24 y1:24 y1:25 y2:25 y1:26 y2:26 y1:27 y2:27 y2:28 y2:29 y2:30 y1:28 y1:29 y1:30
```

程序说明：yield()方法暂停当前正在执行的线程对象，并执行其他线程。正在运行的线程可通过以下方式终止。

（1）自动终止—— 一个线程执行完成后，不能再次运行。

（2）stop() —— 已过时，基本不用。

（3）interrupt() —— 粗暴的终止方式。

（4）可通过使用一个标识指示 run()方法退出，从而终止线程。推荐使用这种方式。

【例 4-12】线程终止实例。

```
public class Sleeping extends Thread {
        public void run() {
                try{
                        sleep(60000);
                        System.out.println("sleep over");
                }catch(InterruptedException e){
                        System.out.println("sleep interrupted");
                }
                System.out.println("end");
        }
```

```
    }
    public class TestSleep {
        public static void main(String[] args) throws InterruptedException {
            Sleeping sleeping=new Sleeping();
            sleeping.start();
            Thread.sleep(10);
            sleeping.interrupt();
        }
    }
```

程序运行结果如下。

```
sleep interrupted
end
```

程序说明：如果任何一个线程中断了当前线程的休眠，该方法将抛出 InterruptedException 异常对象，所以在使用 sleep()方法时，必须捕获该异常。

4.3.5 线程的高级操作

在 Java 语言中，每一个线程都归属于某个线程组管理，例如，在主方法 main()的主工作流程中产生一个线程，则产生的线程属于 main 线程组管理。简单地说，线程组就是由线程组成的管理线程的类，这个类是 java.lang.ThreadGroup 类。

一个线程组是线程的一个集合。在程序中有时包含很多具有相似功能的线程，为了方便对这些线程进行管理与操作，通常将它们合在一起当作一个整体对待。例如，可以同时挂起或者唤醒这些线程，这样就需要把这些功能相似的线程放入一个线程组中。

在 Java 语言中，构造和使用线程组的主要操作如下。

1. 构造线程组

```
ThreadGroup tg=new ThreadGroup("myGroup");
```

这条语句创建了一个名为“myGroup”的线程组 tg。线程组名必须是唯一的字符串。

```
ThreadGroup tgChild=new ThreadGroup(tg, "one child threadgroup");
```

这条语句创建了一个属于 tg 的子线程组 tgChild，名为“one child threadgroup”。线程组可以构成一个树形结构，除起始线程组外，树中的每个线程组都属于一个父线程组。

2. 线程加入线程组

```
Thread t=new Thread(tg, new OneThread(10), "one thread 10");
```

这条语句创建了一个名为“one thread 10”的线程 t，并且这个线程属于线程组 tg。

3. 线程组的常用方法

使用线程组的 activeCount()方法可以返回这个线程组及其所有子线程组中当前处于运行阶段的线程数。

事实上，每个线程都属于一个线程组。默认情况下，一个新建的线程属于生成它的当前线程组，可以使用 getThreadGroup()方法查看线程属于哪一个线程组。线程组对象还可以使用 getParent()方法查看它所属的父线程组。

getMaxPriority()方法和 setMaxPriority()方法分别用于返回和设置一个线程组的最大优先级。

【例 4-13】采用线程组管理线程的程序。

```
public class TestThreadGroup {
    public static void main(String[] args) {
```

```
        ThreadGroup tg = new ThreadGroup("myGroup"); // 创建线程组
        Thread[] ths = new Thread[10];
        // 循环在线程组中添加 10 个线程并启动
        for (int i = 0; i < 10; i++) {
            ths[i] = new Thread(tg, new OneThread(i), "myGroup");
            ths[i].start();
        }
        while (tg.activeCount() != 0)
        // 循环输出线程组中当前活动的线程数目
        System.out.println("active count is" + tg.activeCount());
        OneThread tt = new OneThread(1); // 查看新建线程默认所属的线程组
        System.out.println(tt.getThreadGroup());
        System.out.println(tg.getParent());// 查看线程组的父线程组
    }
}
class OneThread extends Thread {
    int num;
    OneThread(int num) {
        this.num = num;
    }

    public void run() {// 控制线程执行一段时间（几毫秒）
        for (int i = 0; i <= num; i++)
        try {
            sleep(1);
        } catch (Exception e) {
        }
    }
}
```

程序运行结果如下。

```
active count is10
active count is10
active count is10
active count is10
……
active count is7
active count is7
active count is6
active count is6
……
active count is5
……
active count is3
```

```
active count is3
active count is2
……
active count is1
active count is1
active count is1
java.lang.ThreadGroup[name=main,maxpri=10]
java.lang.ThreadGroup[name=main,maxpri=10]
```

程序说明：

首先，本例中创建了一个名为 myGroup 的线程组，此线程组包含了 10 个线程对象，程序首先用循环动态监控线程组中的活动线程数目，随着线程依次执行结束，活动线程数不断减少。

其次，程序中还创建了一个没有显式加入任何线程组的线程 tt，并输出它所属的线程组（默认线程组），输出结果为：java.lang.ThreadGroup[name=main,maxpri=10]。其中，java.lang.ThreadGroup 代表 tt 所属的线程组的类型，main 为默认线程组的名字，maxpri 代表这个线程组可以拥有的最大优先级。

最后，程序输出线程组 myGroup 的父线程组，myGroup 的默认父线程组的信息也是 java.lang.ThreadGroup[name=main,maxpri=10]。

Object 类中线程的相关方法如下。

1. void wait()

导致当前的线程等待，直到其他线程调用此对象的 notify()方法或 notifyAll() 方法。

2. void notify()

唤醒在此对象监视器上等待的单个线程。

3. void notifyAll()

唤醒在此对象监视器上等待的所有线程。

多线程同步状态下需要协同工作时，可以通过 wait()方法、notify()方法、notifyAll()方法完成。

例 4-14 中的程序在模仿一位母亲给儿子零花钱的过程。母亲通过储钱罐提供给儿子零用钱，儿子从储钱罐中取零用钱。如此一来，母亲相当于生产者，而儿子就是消费者。零用钱的存取都是每次十元人民币。当母亲发现储钱罐中还有钱时，她就不会再向其中放钱；当儿子发现储钱罐中没有钱时，也不会从其中取钱。

【例 4-14】无协同的生产者和消费者模型程序。

```
public class ProducerConsumer1{
    public static void main(String args[])  {
        PiggyBank pb=new PiggyBank();
        Mother m=new Mother(pb);
        Son s=new Son(pb);
        m.start();
        s.start();
    }
}
class Mother extends Thread { // 母亲类，储钱罐是它的属性
    PiggyBank pb;
    Mother(PiggyBank pb) {
        this.pb = pb;
```

```
    }
    public void run(){ // 母亲的行为是向储钱罐中放入十元人民币，共计 5 次
        for (int i = 1; i <= 5; i++) {
            pb.put(i);
            System.out.println("妈妈向储钱罐中放第" + i + "个十元人民币");
        }
    }
}
class Son extends Thread{ // 儿子类，储钱罐是它的属性
    PiggyBank pb;
    Son(PiggyBank pb) {
        this.pb = pb;
    }

    public void run(){
         // 儿子的行为是从储钱罐中取钱，一次取十元人民币，共计 5 次
         for (int i = 1; i <= 5; i++) {
            int number = pb.get();
            System.out.println("儿子从储钱罐中取第" + number + "个十元人民币");
         }
    }
}
class PiggyBank{ // 储钱罐类
     private int number; // 表示储钱罐中当前这张十元人民币的编号
     synchronized int get() {
          return number;
     }
     synchronized void put(int i) {
          number = i;
     }
}
```

程序运行结果如下。

```
妈妈向储钱罐中放第 1 个十元人民币
儿子从储钱罐中取第 1 个十元人民币
妈妈向储钱罐中放第 2 个十元人民币
儿子从储钱罐中取第 2 个十元人民币
儿子从储钱罐中取第 3 个十元人民币
妈妈向储钱罐中放第 3 个十元人民币
儿子从储钱罐中取第 3 个十元人民币
妈妈向储钱罐中放第 4 个十元人民币
儿子从储钱罐中取第 4 个十元人民币
妈妈向储钱罐中放第 5 个十元人民币
```

在例 4-14 中，母亲相当于生产者，她不停地向储钱罐中放入十元人民币，儿子相当于消费者，他不停地从储钱罐中取钱，储钱罐实际上是一个共享的内存区。由运行结果可看出，生产者与消费者并没有协同工作，在消费者没有从共享内存中取走数据之前，生产者又将新的数据放入其中，导致了数据的丢失（丢失了其他编号的十元人民币）。如果改变例 4-14，先启动儿子线程的运行（将语句 m.start() 和 s.start()换一下位置），将得到如下运行结果。

```
儿子从储钱罐中取第 0 个十元人民币
妈妈向储钱罐中放第 1 个十元人民币
儿子从储钱罐中取第 1 个十元人民币
妈妈向储钱罐中放第 2 个十元人民币
妈妈向储钱罐中放第 3 个十元人民币
儿子从储钱罐中取第 2 个十元人民币
妈妈向储钱罐中放第 4 个十元人民币
儿子从储钱罐中取第 4 个十元人民币
妈妈向储钱罐中放第 5 个十元人民币
儿子从储钱罐中取第 5 个十元人民币
```

上述结果表明，在生产者没有向共享内存中放入新数据项之前，如果消费者访问了数据，就会导致数据重复。

不管是数据的丢失还是重复，都是生产者和消费者没有协同工作的结果，为解决例 4-14 存在的问题，需要协同生产者和消费者的行为。这将在 4.4 节讲解。

4.4 多线程的同步/通信问题

4.4.1 线程同步

前面线程的例子都是独立的，而且异步执行，也就是说每个线程都包含了运行时所需要的数据和方法，不需要外部资源，也不用关心其他数据的状态和行为。有时两个或多个线程可能会试图同时访问一个资源，例如，一个线程可能尝试从一个文件中读取数据，而另一个线程则尝试在同一文件中修改数据，在此情况下，数据可能会变得不一致。为了确保在任何时间点一个共享的资源只被一个线程使用，使用了“同步”。Java 语言提供了同步机制来解决这个问题。共享资源可以通过添加 synchronized（关键字）来锁定对象，执行单一线程，使其他线程不能同时调用同一个对象。当一个线程运行到需要同步的语句后，CPU 不去执行其他线程中的、可能影响当前线程中的下一句代码的执行结果的代码块，必须等到下一句执行完后才能去执行其他线程中的相关代码块，这就是线程同步。下面通过同步问题来解决例 4-14 中生产者和消费者问题。

【例 4-15】协同的生产者和消费者模型程序。

```
public class ProducerConsumer2 {
    public static void main(String args[]) {
        PiggyBank pb = new PiggyBank();
        Mother m = new Mother(pb);
        Son s = new Son(pb);
        m.setPriority(6); // 改变母亲线程的优先级为 6
        s.setPriority(2); // 改变儿子线程的优先级为 2
        s.start(); // 先启动儿子线程
```

```
        m.start();
    }
}

class Mother extends Thread {// 母亲类，储钱罐是它的属性
    PiggyBank pb;

    Mother(PiggyBank pb) {
        this.pb = pb;
    }

    public void run() {// 母亲的行为是向储钱罐中放入十元人民币，共计 5 次
        for (int i = 1; i <= 5; i++) {
            pb.put(i);
        }
    }
}

class Son extends Thread {// 儿子类，储钱罐是它的属性
    PiggyBank pb;

    Son(PiggyBank pb) {
        this.pb = pb;
    }

    public void run() { // 儿子的行为是从储钱罐中取钱，一次取十元人民币，共计 5 次
        for (int i = 1; i <= 5; i++) {
            pb.get();
        }
    }
}

class PiggyBank { // 储钱罐类
    private int number; // 表示储钱罐中当前这张十元人民币的编号
    private boolean empty = true; // 表示储钱罐是否为空的布尔属性

    synchronized void get() {
        while (empty == true) {// 如果储钱罐中没有钱，则不能从中取钱

            try {
                wait(); // 线程进入等待池中
            } catch (InterruptedException e) {
            }
```

```
            }
            empty = true;
            System.out.println("儿子从储钱罐中取第" + number + "个十元人民币");
            notify(); // 唤醒等待从储钱罐中取钱的线程
        }

        synchronized void put(int i) {
            while (empty == false) {// 如果储钱罐中有钱，则不能再向其中放入钱
                try {
                    wait();
                } catch (InterruptedException e) {
                }
            }
            number = i;
            empty = false;
            System.out.println("妈妈向储钱罐中放第" + i + "个十元人民币");
            notify(); // 唤醒等待向储钱罐中放入钱的线程
        }
    }
```

程序运行结果如下。

```
妈妈向储钱罐中放第 1 个十元人民币
儿子从储钱罐中取第 1 个十元人民币
妈妈向储钱罐中放第 2 个十元人民币
儿子从储钱罐中取第 2 个十元人民币
妈妈向储钱罐中放第 3 个十元人民币
儿子从储钱罐中取第 3 个十元人民币
妈妈向储钱罐中放第 4 个十元人民币
儿子从储钱罐中取第 4 个十元人民币
妈妈向储钱罐中放第 5 个十元人民币
儿子从储钱罐中取第 5 个十元人民币
```

程序说明：在本例中，当生产者访问共享内存时，如果发现数据还没有被取走，就调用 wait()方法等待；否则，放入新数据，并调用 notify()方法通知消费者来取走数据。同理，当消费者访问共享内存时，如果发现没有新的数据项，就调用 wait()方法等待；否则，取走数据，并调用 notify()方法通知生产者可以继续放入新数据了。程序中对线程的优先级分别进行了设置，并且先调用了消费者线程，但程序的运行结果仍然是合理的。

【例 4-16】模拟火车售票系统。

```
public class Ticket implements Runnable{
    private int num = 50;
    public void saleTicket() {
        synchronized(this){
            if(num>0){ System.out.println(Thread.currentThread().getName()+
            " No."+num+" ticket is saled");
            try {
```

```
                    Thread.sleep(10);
                } catch (InterruptedException e) {
                    e.printStackTrace();
                }
                num--;
                }
        }
            System.out.println("ok");
        }
        public synchronized int getNum(){
            return num;
        }
        public void run() {
            while(true){
                if(this.getNum()>0){
                    this.saleTicket();
                }else{
                    break;
                }
            }
        }
}
public class TestSyn {
        public static void main(String[] args) {
            //使用 Runnable
            Ticket t = new Ticket();
            Thread t1 = new Thread(t);
            Thread t2 = new Thread(t);
            Thread t3 = new Thread(t);
            t1.start();
            t2.start();
            t3.start();
        }
}
```

程序运行结果如下。

```
Thread-0 No.50 ticket is saled
ok
Thread-1 No.49 ticket is saled
ok
Thread-2 No.48 ticket is saled
ok
Thread-2 No.47 ticket is saled
ok
```

```
Thread-2 No.46 ticket is saled
ok
Thread-0 No.45 ticket is saled
ok
Thread-1 No.44 ticket is saled
ok
Thread-2 No.43 ticket is saled
ok
Thread-0 No.42 ticket is saled
ok
Thread-2 No.41 ticket is saled
ok
Thread-0 No.40 ticket is saled
ok
Thread-1 No.39 ticket is saled
ok
Thread-0 No.38 ticket is saled
ok
Thread-1 No.37 ticket is saled
ok
Thread-2 No.36 ticket is saled
ok
Thread-0 No.35 ticket is saled
ok
Thread-1 No.34 ticket is saled
ok
Thread-0 No.33 ticket is saled
ok
Thread-1 No.32 ticket is saled
ok
Thread-2 No.31 ticket is saled
ok
Thread-1 No.30 ticket is saled
ok
Thread-0 No.29 ticket is saled
ok
Thread-0 No.28 ticket is saled
ok
Thread-2 No.27 ticket is saled
ok
Thread-2 No.26 ticket is saled
ok
Thread-0 No.25 ticket is saled
```

```
ok
Thread-0 No.24 ticket is saled
ok
Thread-1 No.23 ticket is saled
ok
Thread-2 No.22 ticket is saled
ok
Thread-0 No.21 ticket is saled
ok
Thread-0 No.20 ticket is saled
ok
Thread-1 No.19 ticket is saled
ok
Thread-2 No.18 ticket is saled
ok
Thread-2 No.17 ticket is saled
ok
Thread-2 No.16 ticket is saled
ok
Thread-0 No.15 ticket is saled
ok
Thread-0 No.14 ticket is saled
ok
Thread-1 No.13 ticket is saled
ok
Thread-2 No.12 ticket is saled
ok
Thread-0 No.11 ticket is saled
ok
Thread-1 No.10 ticket is saled
ok
Thread-2 No.9 ticket is saled
ok
Thread-0 No.8 ticket is saled
ok
Thread-1 No.7 ticket is saled
ok
Thread-2 No.6 ticket is saled
ok
Thread-0 No.5 ticket is saled
ok
Thread-0 No.4 ticket is saled
ok
```

```
Thread-0 No.3 ticket is saled
ok
Thread-1 No.2 ticket is saled
ok
Thread-2 No.1 ticket is saled
ok
```

程序说明：定义一个私有属性 num 来模拟所卖的票数，在线程的 saleTicket()方法中，将 ticket 属性减 1 来模拟卖一张票。为了保证线程安全，需要加上同步的方法。

4.4.2 锁

每个对象都有一个锁标志，使用 synchronized 可与锁标志交互，为避免资源访问的冲突，Java 语言中使用关键字 synchronized 控制对共享资源的访问。关键字 synchronized 用于声明在任何时候只能有一个线程可以执行的一段代码或一个方法。它有两种用法：锁定一个对象变量，或者锁定一个方法。

在访问共享资源的方法前面加上 synchronized 关键字，可以保证一旦某个线程处于这个方法中，那么在这个线程从该方法返回前，其他所有想调用该方法的线程都会被阻塞。synchronized 相当于给方法加锁，当被加锁方法是非静态方法时，调用该方法的对象也会加锁；当被加锁的方法是静态方法时，这个类的所有对象都会加锁。

一旦一个包含同步方法（用 synchronized 修饰）的线程被 CPU 调用，其他线程就无法调用相同对象的同步方法。当一个线程在一个同步方法内部时，所有试图调用该方法的同实例的其他线程必须等待。

【例 4-17】 synchronized 方法。

```
public class Timer {
    private static int num=0;
    public synchronized void add(String name){
        num++;
        try {
            Thread.sleep(1);
        } catch (InterruptedException e) {
            e.printStackTrace();
        }
        System.out.println(name+"你是第"+num+"个使用 timer 的线程");
    }
}
public class TestSyn implements Runnable{
    Timer timer=new Timer();
    public static void main(String[] args) {
        TestSyn test=new TestSyn();
        Thread t1=new Thread(test);
        Thread t2=new Thread(test);
        t1.setName("t1");
        t2.setName("t2");
```

```
            t1.start();
            t2.start();
        }
        public void run() {
            timer.add(Thread.currentThread().getName());
        }
    }
```

程序运行结果如下。

```
t1 你是第 1 个使用 timer 的线程
t2 你是第 2 个使用 timer 的线程
```

若把 add 方法前的 synchronized 关键字去掉，则运行结果为：

```
t1 你是第 2 个使用 timer 的线程
t2 你是第 2 个使用 timer 的线程
```

有时，方法内部只有部分代码在访问共享资源，因此，没有必要锁住整个方法，可以采用如下方法加锁一段代码。

```
synchronized(ObjectName)
{
        //访问共享资源的代码
}
```

其中，ObjectName 代表访问这段代码的对象。

【例 4-18】将例 4-17 的 synchronized 方法修改为 synchronized 代码块。

```
public class Timer {
    private static  int num=0;
    public  void  add(String name){
        synchronized (this) {
            num++;
            try {
                Thread.sleep(1);
            } catch (InterruptedException e) {
                e.printStackTrace();
            }
            System.out.println(name+"你是第"+num+"个使用使用 timer 的线程");
        }
    }
}
```

注意

在受到 synchronized 保护的程序代码块和方法中，要访问的对象属性必须设定为 private，如果不设定为 private，那么可以用不同的方式来访问它，这样就达不到保护的效果了。

【例 4-19】不使用同步访问共享资源模拟银行交易。

```
public class DepositInBank {
    public static void main(String[] args) {
```

```
            BankAccount ba = new BankAccount();// 创建一个银行账户 ba
            ThreadGroup tg = new ThreadGroup("BankClient Group");
            for (int i = 0; i < 5; i++) {// 模拟 5 位银行客户同时操作账户 ba
                Thread t = new Thread(tg, new BankClient(ba));
                t.start();
            }
            while (tg.activeCount() != 0) {
            }
            // 操作结束后统计账户 ba 的余额
            System.out.println("BankAccount balance is:" + ba.getBalance());
        }
    }
    class BankAccount { // 银行账户类
        private int balance; // 余额属性
        BankAccount() {
            balance = 0;
        }
        int getBalance() {
            return balance;
        }
        void add(){ // 向账户汇款 1000 元
            int newBalance = balance + 1000;
            try {
                Thread.sleep(1);
            } // 这里用 Thread.sleep(1)语句模拟银行交易处理的延迟
            catch (InterruptedException e) {
                System.out.println(e);
            }
            balance = newBalance;
        }
    }

class BankClient extends Thread{ // 银行客户类，每个客户都持有一个账户
    BankAccount ba;
    BankClient(BankAccount ba) {
        this.ba = ba;
    }
    public void run(){ // 客户的行为，向账户汇款
        ba.add();
    }
}
```

程序运行结果如下。

```
BankAccount balance is:1000。
```

程序说明：在本例中，为了模拟银行的交易，定义了一个用于模拟银行账户的类 BankAccount，这个类有一个属性 balance，用来描述账户中的剩余金额。对账户的操作封装在方法 getBalance()和方法 add()中。

银行的客户要参与银行的交易处理，类 BankClient 用来描述客户，每个客户应该持有一个账户，因此，银行账户作为 BankClient 类的属性出现；而客户的操作就是向自己的银行账户中汇款 1000 元。由于银行的交易存在并发性，也就是说客户的操作是可以并发完成的，因此，程序用多线程实现。

在主类 DepositInBank 中，首先创建了一个银行账户 ba，余额为 0 元。接着，创建了 5 个银行客户线程，同时操作这个账户，分别向账户中汇款 1000 元。由于这 5 个线程功能类似，因此，它们被定义在一个线程组中。

按照预期，最终程序运行结束后，账户 ba 中的余额应该为 5000，可是程序的输出却是 1000，究竟是什么原因导致了错误呢？下面给出这个程序在运行过程中可能出现的情景，如图 4-4 所示。

时间轴	线程	操作	balance	newBalance
↓	1	int newBalance=balance+1000;	0	1000
	1	Thread.sleep(1);		
	2	int newBalance=balance+1000;	0	1000
	2	Thread.sleep(1)		
	3	int newBalance=balance+1000;	0	1000
	3	Thread.sleep(1)		
	4	int newBalance=balance+1000;	0	1000
	4	Thread.sleep(1)		
	5	int newBalance=balance+1000;	0	1000
	5	Thread.sleep(1)		
	1	balance=newBalance;	1000	
	2	balance=newBalance;	1000	
	3	balance=newBalance;	1000	
	4	balance=newBalance;	1000	
	5	balance=newBalance;	1000	

图 4-4　5 个线程给同样的账户加 1000

图 4-4 表明，在运行的时间顺序上，线程 1 首先读取账户余额，然后加上 1000，但在将余额写入账户之前“休息”了一小段时间，在这段时间内，恰巧线程 2 读取账户余额，由于此时线程 1 还没有将余额写入账户，因此，读取余额的结果仍然为 0，加上 1000 后，新余额为 1000，可是线程 2 在将余额写入账号之前也“休息”了，这时线程 3 又来读取账户余额……，如此一来，这 5 个线程读取到的账户余额都是 0，加上 1000 之后新余额都是 1000，因此，在将账户余额写回账户的时候，余额都是 1000。

这种情况表明，在多个线程同时访问共享资源时发生了冲突，冲突发生是因为当一个客户对账户的访问还没有结束时，另外一个客户又开始了对这个账户的访问，这种冲突致使程序的执行结果发生了错误。那么，该如何避免冲突，消除错误呢？例 4-20 将回答这个问题。

【例 4-20】使用同步访问共享资源模拟银行交易。

```
public class DepositInBankWithSync {
    public static void main(String[] args) {
        BankAccount ba = new BankAccount(); // 创建一个银行账户 ba
        ThreadGroup tg = new ThreadGroup("BankClient Group");
        for (int i = 0; i < 5; i++) {// 模拟 5 位银行客户同时操作账户 ba
            Thread t = new Thread(tg, new BankClient(ba));
```

```
                t.start();
            }
            while (tg.activeCount() != 0) {
            }
            // 操作结束后统计账户 ba 的余额
            System.out.println("BankAccount balance is:" + ba.getBalance());
        }
}

class BankAccount {// 银行账户类
        private int balance; // 余额属性
        BankAccount() {
            balance = 0;
        }
        int getBalance() {
            return balance;
        }
        synchronized void add(){// 向账户汇款 1000 元
            int newBalance = balance + 1000;
            try {
                Thread.sleep(1); // 这里用 Thread.sleep(1)语句模拟银行交易处理的延迟
            }catch (InterruptedException e) {
                System.out.println(e);
            }
            balance = newBalance;
        }
}

class BankClient extends Thread {// 银行客户类，每个客户都持有一个账户
        BankAccount ba;
        BankClient(BankAccount ba) {
            this.ba = ba;
        }
        public void run(){// 客户的行为，向账户汇款
            ba.add();
        }
}
```

程序运行结果如下。

```
BankAccount balance is:5000。
```

程序说明：在例 4-19 中，错误的输出是因为程序中的 5 个客户同时访问共享资源（同一个账户）时先后顺序上产生了一些问题，当一个客户对账户的访问还没有结束时，另外一个客户又开始对这个账户进行访问，因此，线程读取到了错误的结果。为了解决这个问题，就需要在程序中加以限制，保证任意时刻，只能有一个线程访问共享资源。此例解决了这个问题。

synchronized 方法与 synchronized 代码块各有优缺点。

synchronized 方法的主要优点是可以显式地知道哪些方法是被 synchronized 关键字保护的，主要缺点如下。

（1）方法中有些内容是不需要同步的，如果该方法执行会花很长时间，那么其他方法就要花较多时间等待锁被归还。

（2）只能取得自己对象的锁，有时候由于程序设计的需求，可能会需要取得其他对象的锁。

synchronized 代码块主要优点如下。

（1）可以针对某段程序代码同步，不需要浪费时间在其他程序代码上；

（2）可以取得不同对象的锁。

Synchronized 代码块的主要缺点是无法显式地得知哪些方法是被 synchronized 关键字保护的。

4.4.3 死锁

两个线程，彼此等待对方占据的锁的现象称为死锁。锁的归还有以下几种方式。

（1）基本执行完同步的程序代码后，就会自动归还锁。

（2）用 break 语句跳出同步的语句块，但这对于写在方法声明中的 synchronize 没有作用。

（3）遇到 return 语句会归还锁。

（4）程序出现了异常会归还锁。

【例 4-21】死锁现象实例。

```
public class DeadLockThread_1 extends Thread {
        private Object obj1;
        private Object obj2;
        public DeadLockThread_1(Object obj1,Object obj2){
                this.obj1 = obj1;
                this.obj2 = obj2;
        }
        public void run(){
                synchronized(obj1){
                        System.out.println("线程 1 已经锁定 obj1 对象，正在等待 obj2");
                        try {
                                Thread.sleep(1000);
                        } catch (InterruptedException e) {
                                e.printStackTrace();
                        }
                        synchronized (obj2) {
                                System.out.println("线程 1 已经锁定 obj2 对象，完成运行");
                        }
                }
        }
}
public class DeadLockThread_2 extends Thread {
        private Object obj1;
        private Object obj2;
```

```
    public DeadLockThread_2(Object obj1,Object obj2){
        this.obj1 = obj1;
        this.obj2 = obj2;
    }
    public void run(){
        synchronized(obj2){
            System.out.println("线程 2 已经锁定 obj2 对象，正在等待 obj1");
            try {
                Thread.sleep(1000);
            } catch (InterruptedException e) {
                e.printStackTrace();
            }
            synchronized (obj1) {
                System.out.println("线程 1 已经锁定 obj1 对象，完成运行");
            }
        }
    }
}
public   class TestDeadLock {
    public   static   void main(String[] args) {
        Object obj1 = new   Object();
        Object obj2 = new   Object();
        DeadLockThread_1 t1 = new DeadLockThread_1(obj1,obj2);
        DeadLockThread_2 t2 = new DeadLockThread_2(obj1,obj2);
        t1.start();
        t2.start();
    }
}
```

程序运行结果如下。

```
线程 1 已经锁定 obj1 对象，正在等待 obj2
线程 2 已经锁定 obj2 对象，正在等待 obj1
```

程序说明：线程 1 锁定 obj1 等待 obj2，而线程 2 锁定 obj2 等待 obj1，造成了死锁。

4.5 本章小结

本章介绍了 Java 语言的多线程、Java 语言实现多线程的两种方式，同时介绍了 Java 线程的属性和控制、操作线程的常用方法及 Java 的同步机制。

4.6 本章习题

（1）线程的基本概念、线程的基本状态及状态之间的关系是什么？

（2）线程与进程的区别？

（3）请编写一个类，类名为 MulThread，类中定义了含一个字符串参数的构造方法，并实现了

Runnable 接口，接口中的 run()方法实现的功能是：先在命令行显示该线程信息，然后随机休眠小于 1 秒的时间，最后显示线程结束信息："finished"+线程名。

（4）编写一个应用程序，在其中通过 Runnable 创建 MulThread 类的 3 个线程对象 t1、t2、t3，并启动这 3 个线程。

（5）编写应用程序实现 Runnable 接口，通过多线程实现在控制台上不断地显示从 1 到 100 的自然数。

第 5 章 网络编程

▶ 内容导学

Java 语言与网络是紧密结合的，Java 语言中提供的 Socket（套接字）编程可以开发基于 C/S（客户端/服务器）结构的网络程序。通过 Socket 实现进程间通信的编程就是网络编程。套接字通信（Socket-based Communication）通过指派套接字来实现程序之间的通信。Socket 为服务器和客户之间的通信提供方便。Java 处理套接字通信的方式很像处理 I/O 操作，程序对套接字进行读写就像对文件进行读写一样容易。

在客户端/服务器通信模式中，客户端需要主动创建与服务器连接的 Socket，服务器收到了客户端的连接请求，也会创建与客户端连接的 Socket。Socket 可看作是通信连接两端的收发器，服务器与客户端都通过 Socket 来收发数据。

本章将介绍 Java 网络编程的基础知识，以及网络编程的特点和方法。通过本章的学习，读者能够了解网络编程的模型，熟练掌握 Socket 的应用，从而编程实现 Socket 网络通信。

▶ 学习目标

① 理解网络编程的基本概念。

② 掌握网络编程基础知识。

③ 掌握基于 TCP 的 Socket 编程方法。

④ 掌握基于多线程的 Socket 编程方法。

5.1 网络基础知识

5.1.1 网络基础知识概述

开放系统互联（OSI，Open Systems Interconnection）参考模型详细规定了每一层的功能，以实现开放系统环境中的互联性、互操作性与应用的可移植性。OSI 中的“开放”是指只要遵循 OSI 标准，一个系统就可以与位于任何地方、同样遵循这一标准的其他任何系统进行通信。在 OSI 标准的制定过程中，采用的方法是将整个庞大而复杂的问题划分为若干个容易处理的小问题，这就是分层的体系结构方法。OSI 参考模型分为 7 层，如图 5-1 所示。

Java 语言非常适合开发网络程序，其丰富的网络类库使用户可以方便地开发出功能强大的网络应用程序。网络编程的实质是通过网络协议与网络上的其他计算机进行通信。协议是为了在两台计算机之间交换数据而预先规定的标准。而 TCP/IP 是计算机网络中最重要的网络协议，学习网络编程必须对 TCP/IP 有所了解，TCP/IP 参考模型如图 5-2 所示。OSI 参考模型和 TCP/IP 参考模型都采用了层次结构的方法。它们的不同点如下。

应用层
表示层
会话层
传输层
网络层
数据链路层
物理层

图 5-1　OSI 参考模型

应用层
传输层
网络层
网络接口层

图 5-2　TCP/IP 参考模型

（1）OSI 参考模型划分为 7 层，即物理层、数据链路层、网络层、传输层、会话层、表示层和应用层，其中应用层环境是开放系统环境；而 TCP/IP 参考模型划分为 4 层，即应用层、传输层、网络层和网络接口层，其中应用层协议是标准化的。

（2）OSI 参考模型适用于所有计算机网络的统一标准，是一种理想状态，它的结构复杂，实现周期长，运行效率低；而 TCP/IP 参考模型是独立于特定的计算机硬件和操作系统的，可移植性好，独立于特定的网络硬件，可以提供多种拥有大量用户的网络服务，并促进 Internet 的发展，成为广泛应用的网络模型。

下面来介绍一些常用的协议。

1. TCP/IP

TCP/IP 从字面上理解就是 TCP（传输控制协议）和 IP（网络互联协议）这两个通信协议。实际上，TCP/IP 是由一系列协议组成的协议族，这些协议相互配合，实现网络的通信。由于 TCP 和 IP 是整个协议族中最重要的两个协议，因此，以它们命名整个协议族。目前 TCP/IP 已经成为计算机网络的工业协议标准。TCP/IP 支持路由选择，支持广域网和 Internet 访问，能为跨越不同操作系统、不同硬件体系结构的互联网络提供通信服务。如果用户想建立一个与 Internet 相接或与运行其他操作系统（如 UNIX）的网络相连的网络，一定要选择 TCP/IP。TCP/IP 不仅在 Internet 上广泛使用，还经常用于建立大的路由专用互联网络。

2. TCP/IP 参考模型中的协议

TCP/IP 参考模型中的协议可以用图 5-3 进行描述。

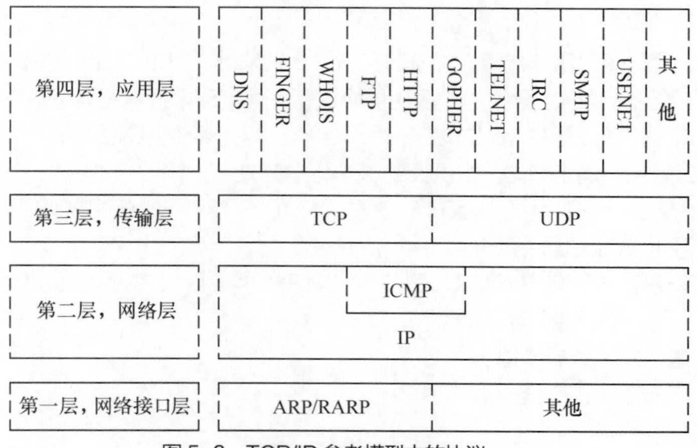

图 5-3　TCP/IP 参考模型中的协议

应用层：应用层直接为用户提供服务，包括 FTP（文件传输协议）、HTTP（超文本传输协议）、SMTP（简单邮件传输协议）、TELNET（终端仿真协议）、TFTP（简单文件传输协议）、SNMP（简单网络管理协议）等很多的高层协议。

传输层：传输层解决的是进程到进程之间的通信问题，包括 TCP（传输控制协议）和 UDP（用户数据报协议）。

网络层：解决的是主机到主机的通信问题，其核心是寻址与路由，包括 IP 和 ICMP 等协议。

网络接口层：指定如何通过网络物理地址发送数据，包括直接与网络媒体（如同轴电缆、光纤或双绞线）接触的硬件设备如何将比特流转换成电信号。

3. IP

IP 是无连接的、不可靠的数据包协议，主要负责在主机之间寻址和选择数据包的路由。无连接意味着交换数据之前不需要建立会话，在节点之间建立连接或传输数据之前，不会通过交换控制信息来建立连接，即不进行“握手”。不可靠意味着 IP 传输的每个数据包都是独立的，不分前后顺序地在 IP 的网络层传输，传递没有担保，IP 数据包可能丢失、不按顺序传递、重复或延迟。IP 不尝试从这些错误类型中恢复，所传递的数据包的确认及丢失数据包的恢复是更高层协议的责任，如 TCP 就提供了错误检测和恢复机制，从而使丢失的 IP 数据包重发。

IP 地址是 TCP/IP 网络标识网络实体的唯一标识符。IP 地址是一个 32 位的二进制数，为了便于人们的使用，一般把 32 位的 IP 地址分成 4 个 8 位组，在每个 8 位组之间用“.”分开，在书写时，使用十进制，这种写法叫作“十进制点分法”。例如，IP 地址 200.200.202.202。

4. TCP 和 UDP

（1）TCP

TCP 负责提供可靠的、面向连接的、端到端的数据传递服务，功能如下。

① 确保 IP 数据包的成功传递。

② 对程序发送的大块数据进行分段和重组。

③ 确保正确排序，以及按顺序传递分段的数据。

④ 通过计算校验和，进行传输数据的校验。

（2）UDP

UDP 与 TCP 位于同一层，UDP 是一个“不可靠”的协议，因为它不能保证数据包的接收顺序与发送顺序相同，甚至不能保证它们是否全部到达。使用 UDP 的服务包括 SNMP（简单网络管理协议）和 DNS（DNS 也使用 TCP）。

（3）端口和端口号

传输层与应用层的接口叫作端口。端口的实质是一种地址，在 TCP/IP 网络中 IP 可以标识主机，而在 TCP 中为了在数据传输时区分不同的应用层协议，使用端口来标识不同的应用层协议（程序）。每个端口都有一个端口号，端口号有 16 位。在一台计算机上运行多个网络程序，IP 地址只能保证把数据送到该计算机。端口号用于确定把这些数据交给哪个程序来处理。同一台计算机上不能有两个使用同一个端口的程序运行，端口号范围为 0～65535，其中 0～1023 用于一些知名的网络服务和应用，用户的普通网络程序应使用 1024 以上的端口号。

服务进程通常使用一个固定的端口，例如，SMTP 使用 25、XWindows 使用 6000。下面是标准 TCP 程序使用的一些已知的部分 TCP 端口。

① 20 FTP 服务器（数据通道）。

② 21 FTP 服务器（控制通道）。

③ 23 Telnet 服务器。

④ 25 SMTP。

⑤ 80 Web 服务器（HTTP）。

这些端口号是“广为人知”的，因为在建立与特定的主机或服务的连接时，需要这些地址和目的地址进行通信。在编程时，要注意不能使用上面提到的这些已知端口。

在 Windows 2000/XP/Server 2003/8 中查看端口，可以使用 netstat 命令。

① 依次单击“开始→运行”，键入“cmd”并按<Enter>键，打开命令提示符窗口。

② 在命令提示符状态下键入“netstat -a -n”，按<Enter>键后就可以看到以数字形式显示的 TCP 和 UDP 连接的端口号及状态。

（4）URL

统一资源定位符（URL，Uniform Resource Locator）表示 Internet 上某一资源的地址，是对可以从互联网上得到的资源的位置和访问方法的一种简洁的表示，是互联网上标准资源的地址。互联网上的每个文件都有一个唯一的 URL，它包含的信息指出文件的位置，以及浏览器应该怎么处理它。URL 格式如下。

协议：//主机地址域名或 IP 地址：端口号/路径。

例如，http：//www.ptpress.com.cn/newsInfo/list 就是一个典型的 URL。

网络编程中需要解决两个主要问题。一个问题是如何定位网络上的主机和主机上的程序。IP 地址或域名用于定位网络上的主机，端口号可以定位主机上运行的程序。另一个问题是如何进行数据的传输。TCP 或 UDP 可以解决这个问题，它们可以分别应用于不同的场合，TCP 提供可靠的数据传输；UDP 提供不可靠的数据传输，但相对来说速度稍快。

5.1.2 InetAddress 编程

InetAddress 类用来封装 IP 地址和域名。每个 InetAddress 对象包含了 IP 地址、主机名等信息。

InetAddress 类没有构造方法，因此，不能用 new 来构造一个 InetAddress 对象，可以使用 InetAddress 类提供的静态方法来获取 InetAddress 对象。

（1）public static InetAddress getByName(String host)

该方法的功能是为名为 host 的主机获取地址信息。

（2）public static InetAddress getLocalHost()

获取本地主机的地址信息。

（3）public static InetAddress[] getAllByName(String host)

有的主机有一个以上的地址，这个方法能够取得指定主机名对应的所有地址的数组。

（4）InetAddress 类其他常用方法

① public String getHostName()：获取该 InetAddress 对象对应的主机名称。

② public byte[] getAddress()：以字节数组形式返回该 InetAddress 对象 64 位的 IP 地址。

【例 5-1】获取 IP 地址的实例程序。

```
import java.net.*;
public class AddressTest {
        InetAddress clientIPaddress = null;
        InetAddress serverIPaddress = null;

        public static void main(String args[]) {
            AddressTest myAddress;
            myAddress = new AddressTest();
```

```
            System.out.println("client IP is:" + myAddress.getClientIP());
            System.out.println("The Server IP is:" + myAddress.getServerIP());
        }

        public InetAddress getClientIP() {
            // 使用 InetAddress 类的 getLocalHost()方法得到本机的 IP 地址
            try {
                clientIPaddress = InetAddress.getLocalHost();
            } catch (UnknownHostException e) {
            }
            return (clientIPaddress);
        }

        public InetAddress getServerIP() {
            // 使用 InetAddress 类的 getByName 方法得到 www.ptpress.com.cn 的 IP 地址
            try {
                serverIPaddress = InetAddress.getByName("www.ptpress.com.cn");
            } catch (UnknownHostException e) {
            }
            return (serverIPaddress);
        }
}
```

程序运行结果如下。

```
client IP is:DESKTOP-CE4JH1N/192.168.3.208
The Server IP is:www.ptpress.com.cn/39.96.127.170
```

程序说明：在例 5-1 中定义了 AddressTest 类，这个类有两个返回值类型为 InetAddress 的方法，getClientIP()方法可以得到客户端的地址，getServerIP()方法可以得到服务器的地址，在 main()方法中，可以实例化类 AddressTest 的对象，并调用该对象的 getClientIP()方法和 getServerIP()方法。

5.1.3 URL 编程

在 Java 类库中，java.net.URL 类为通过 URL 在 Internet 上获取信息提供了一个非常方便的编程接口。

1. URL 类的构造方法

（1）URL(String protocol,String host,int port,String file)：第一个参数是协议的类型，可以是 HTTP、FTP 等；第二个参数是主机名；第三个 int 型的参数是端口号；最后一个参数给出路径和文件名。

（2）URL(String protocol,String host, String file)：第一个参数是协议的类型，可以是 HTTP、FTP 等；第二个参数是主机名；最后一个参数给出路径和文件名。

（3）URL（String）：只有一个字符串参数，这个字符串包含了一个 URL。

2. URL 类其他常用方法

（1）public String getFile()方法能够得到文件名。

（2）public String getHost()方法能够得到主机名。

（3）public String getPort()方法能够得到端口号。

（4）public String getProtocol()方法能够得到协议名。

【例 5-2】 使用 URL 类将网络上的一个 HTML 文件的内容输出到屏幕上。

```
import java.net.*;
import java.io.*;

public class PrintHtml {
        public static void main(String[] args) throws Exception {
            try {// 使用一个 URL 串构造一个 URL 对象
                URL url = new URL("https://www.ptpress.com.cn");
                // 得到指定 URL 连接的输入流
                BufferedReader in = new BufferedReader(new InputStreamReader(
                url.openStream()));
                String inputLine = null; // 向屏幕输出
                while ((inputLine = in.readLine()) != null)
                System.out.println(inputLine);
                in.close();
            } catch (IOException e) {
                System.out.println("Error in I/O:" + e.getMessage());
            }
        }
}
```

程序运行结果如下。本例主要演示读取 HTML 文件功能，对于文件编码方式不同，所产生的乱码暂不做处理。

```
<!DOCTYPE html>
<html lang="zh-CN">
<head>
  <meta charset="utf-8">
  <meta name=鈥淓enderer鈥? content=鈥渨ebkit鈥?>
  <meta http-equiv="X-UA-Compatible" content="IE=edge">
  <meta name="viewport" content="width=device-width, initial-scale=1">
  <title>浜烘皯閭　數鍑虹増绀?</title>
......
```

程序说明： 在例 5-2 中定义了 PrintHtml 类，在 main()方法中首先用一个 URL 串来构造一个 URL 对象，再得到这个 URL 连接的输入流。在循环中不断从输入流中读出字符并输出到屏幕上。

5.1.4　TCP 与 UDP

UDP 主要用来支持那些需要在计算机之间传输数据的网络应用。它是一种面向非连接的协议，在正式通信前无须先与对方建立连接，可以直接发送数据。因此，采用 UDP 不能保证对方能够接收到数据，它是一种不可靠协议。但是，UDP 仍然不失为一项非常实用和可行的网络传输层协议。尤其是在实时交互的场合，如网络游戏、视频会议、网络聊天等，UDP 更是有极大的作用。

UDP 和 TCP 的主要区别在于两者实现信息可靠传递的方式不同。TCP 中包含了专门的传递保证机制，当数据接收方收到发送方传来的信息时，会自动向发送方发出确认消息；发送方只有在接收到该确认消息之后才继续传送其他信息，否则将一直等待，直到收到确认信息为止。因此，TCP 保证了传输的准确性。

UDP 适用于一次传递少量数据、对可靠性要求不高的环境，因为它没有建立连接的过程，因此，它的通信效率高，但也正因为如此，它的可靠性比 TCP 的可靠性低。

Java 语言中的 UDP 编程主要有两个类。一个类是 DatagramSocket，它是 Socket 对象管理类，负责接收和发送数据。计算机之间是通过各自的 DatagramSocket 来传递数据的，没有客户端和服务器的概念。因此，DatagramSocket 本身类似邮局的作用。另一个类是 DatagramPacket，UDP 的数据包用于传输数据，类似于邮局中的邮寄包裹。

Java 语言中的 UDP 通信协议是通过 DatagramSocket 完成的，DatagramSocket 主要有 3 种构造方式。

（1）DatagramSocket()：构造数据包套接字并将其绑定到本地主机上的任何可用端口。

（2）DatagramSocket(int port)：创建数据包套接字并将其绑定到本地主机上的指定端口。

（3）DatagramSocket(int port, InetAddress laddr)：创建数据包套接字，将其绑定到指定的本地地址。

【例 5-3】UDP 接收数据。

```
import   java.net.*;
public class UDPReceive{
            public static void main(String[] args) {
                  System.out.println("UDPReceive 启动，端口 8888……");
                  DatagramSocket ds = null;
                  try {
                        ds = new DatagramSocket(8888); //创建 DatagramSocket 用于接收数据
                        byte[] buf=new byte[124]; //创建接收数据的字节数组
                        DatagramPacket dp = new DatagramPacket(buf,buf.length); //创建对象
                                    System.out.println("UDPReceive 等待接收数据……");
                        ds.receive(dp);//接收数据
                        String msg=new String(buf,0,dp.getLength()); //将接收的数据转换成字符串
                        String ip=dp.getAddress().getHostAddress(); //获得传输方的 IP 地址
                        System.out.println("UDPReceive 接收来自"+ip+"的信息："+msg);
                  }
                  catch (Exception e) {e.printStackTrace();
                        }
                  finally{ds.close();}
               }//main 方法结束
}
```

程序运行结果如下。

```
UDPReceive 启动，端口 8888……
UDPReceive 等待接收数据……
```

程序说明：本程序采用的是第二种方式，将套接字绑定到 8888 端口上。DatagramSocket 主要用于接收和发送数据，具体接收和发送的数据包是 DatagramPacket。DatagramPacket 的主要构造方

法如下。

（1）DatagramPacket(byte[]buf, int length, InetAddress address, int port)：构造数据包，用来将长度为 length 的包发送到指定主机上的指定端口。

（2）DatagramPacket(byte[] buf, int length)：构造 DatagramPacket，用来接收长度为 length 的数据包。本程序采用第二种方式创建 DatagramPacket 对象，给出用于接收数据的具体字节数组和大小，通过调用 DatagramSocket 的方法 receive()等待数据包的到来，在数据到来前，程序将一直处于等待状态，直到收到一个数据包为止。

【例 5-4】 UDP 发送数据。

```
import java.net.*;
public class UDPSend {
        public static void main(String[] args) {
            System.out.println("UDPSend 启动……");
            DatagramSocket ds = null;
            try {
                ds = new DatagramSocket(); //创建 DatagramSocket 用于发送数据
                String str = "Hello World";
                //创建 DatagramPacket，将数据转换成字节数组，提供发送方的 IP 地址和端口号
                DatagramPacket dp = new DatagramPacket(str.getBytes(),str.getBytes().length,
                InetAddress.getByName("127.0.0.1"),8888);
                ds.send(dp);// 数据发送
                System.out.println("UDPSend 发送成功……");
            } catch (Exception e) {
                e.printStackTrace();
            } finally {
                ds.close();
            }
        }
}
```

UDP 发送数据运行结果如下。

```
UDPSend 启动……
UDPSend 发送成功……
```

UDP 接收数据运行结果如下。

```
UDPReceive 启动，端口 8888……
UDPReceive 等待接收数据……
UDPReceive 接收来自 127.0.0.1 的信息：Hello World
```

程序说明：发送数据的程序与接收数据的程序类似，由于是发送程序，因此 DatagramSocket 创建时不需要指定端口号。通过采用 DatagramPacket 的第一种构造方法，我们将发送的数据转换为字节数组，指定数组的大小，通过 InetAddress 类指定发送的 IP 地址和端口号（注意这个端口号要和接收程序的 DatagramSocket 的端口号一致）。调用 DatagramSocket 的 send()方法，将创建好的数据包发送给接收程序，接收程序将接收数据包，并且将结果输出到控制台。

5.2 Socket 编程

5.2.1 Socket 原理

Socket 是 TCP/IP 网络应用程序编程的接口，用来实现客户端/服务器模型。套接字是网络中双向通信的端点，包含 IP 地址、端口号等信息，通信双方都需要创建套接字。Java 语言处理套接字通信的方式很像处理 I/O 操作，程序对套接字的操作就像读写文件一样容易。客户端/服务器模型是网络编程最常用的基本模型，简单地说，就是两个进程之间相互通信，其中一个进程必须提供一个固定的位置，而另一个进程只需要知道这个固定的位置，并去建立两者之间的联系，然后完成数据的通信即可，这里提供固定位置的通常称为服务器，而建立联系的通常称为客户端。在多数情况下，客户端总是主动向服务器发出服务请求，而服务器扮演了响应客户端的请求的角色。可用套接字中的相关方法来建立连接和完成通信，Socket 可以看成在两个程序进行通信连接中的一个端点，如图 5-4 所示。

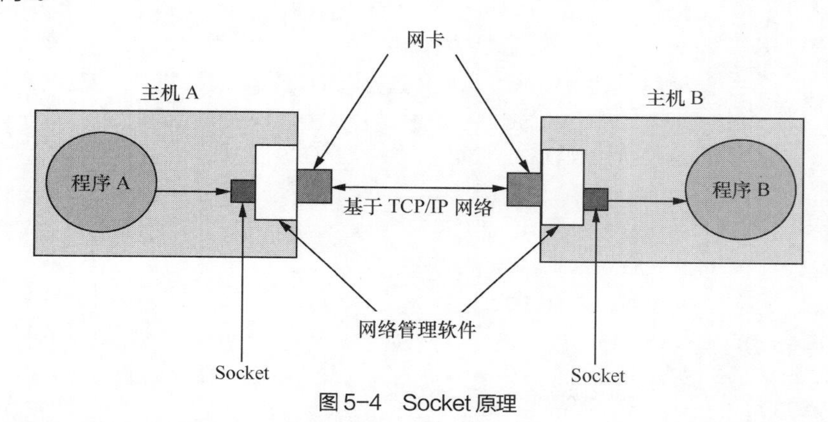

图 5-4 Socket 原理

服务器上的端口不是监听端口。端口工作原理如图 5-5 所示。假设客户端 1 的端口为 1230，客户端 2 的端口为 1235，服务器的监听端口为 8888，当服务器监听到有客户端连接的时候，会为其建立一个临时的端口，客户端 1 在服务器的临时端口为 2001，客户端 2 在服务器的临时端口为 2002，客户端 1 和客户端 2 通过服务器的临时端口进行通信。

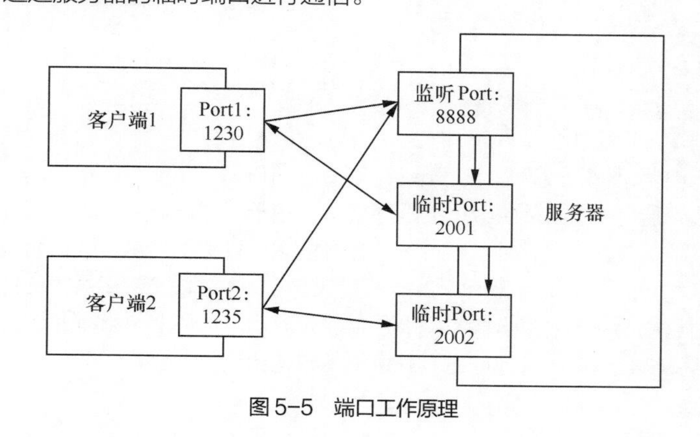

图 5-5 端口工作原理

5.2.2 基于 TCP 的 Socket 编程

利用 TCP 进行通信的两个应用程序有主从之分：一个称为服务器程序（Server），另外一个称为客户端（Client）。服务器与客户端交互过程分为以下 4 个步骤。

（1）服务器程序创建一个 ServerSocket，然后调用 accept()方法等待客户端来连接。

（2）客户端程序创建一个 Socket 并请求与服务器建立连接。

（3）刚才建立了连接的两个 Socket 在一个单独的线程上对话。

（4）服务器开始等待新的连接请求。

其过程示意如图 5-6 所示。

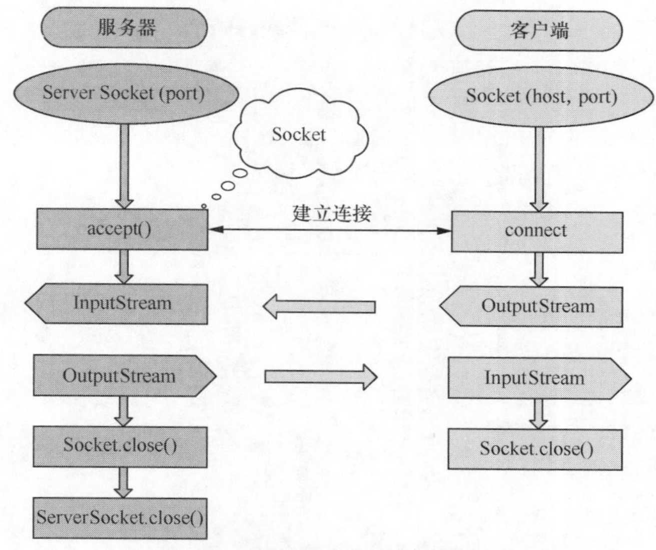

图 5-6 服务器与客户端交互示意

Java 语言套接字类主要包括 Socket 类和 ServerSocket 类。

1. Socket 类

利用 Java 语言来编写网络程序，最基础的类就是 Socket 类，它可以实现程序间双向面向连接的通信。通过 Socket 类建立的连接是一个点对点的连接，在建立连接之间，必须有一方监听，另一方请求，一旦连接建立，就可以利用 Socket 实现数据的双向传输。Socket 类的两个常用的构造方法是 Socket（InetAddress addr，int port）和 Socket（String host，int port）。在第一个构造方法中通过 InetAddress 类对象 addr 设置服务器主机的 IP 地址，而第二个构造方法 host 参数是服务器的 IP 地址或域名。两个构造方法都通过参数 port 设置服务器的端口号。其他可用方法如下。

（1）InetAddress　getInetAddress()。

（2）int　getPort()。

（3）int　getLocalPort()。

（4）InputStream　getInputStream()。

（5）OutputStream　getOutputStream()。

（6）void close()。

2. ServerSocket 类

ServerSocket 类就是服务器 Socket，可以用来侦听进入的连接，它为每个新建的连接创建一个 Socket 对象。ServerSocket 有几个构造方法，最简单的是 ServerSocket（int port），port 参数传递端口号，这个端口就是服务器监听连接请求的端口，如果在创建 ServerSocket 对象时出现错误就将抛出 IOException 异常对象；否则将创建 ServerSocket 对象并开始准备接收连接请求。accept()方法用于等待客户端触发通信，返回值类型为 Socket。使用 ServerSocket 所涉及的知识点如下。

（1）serverSocket=new ServerSocket(8888)。创建一个端口号为 8888 的 ServerSocket 对象，建立了一个固定位置可以让其他计算机来访问，端口号必须是唯一的，因为端口是这个 Socket 的唯一标识。另外，端口号必须是在 0~65535 之间的一个正整数，前 1024 个端口已经被 TCP/IP 作为保留端口，因此，所使用的端口必须大于 1024。

（2）调用 accept()方法将导致调用阻塞，直到连接建立。在建立连接后，accept()方法返回一个最近创建的 Socket 对象，该 Socket 对象绑定了客户端程序的 IP 地址或端口号，服务器就是利用这个 Socket 对象与客户端通信的。

（3）数据的传输还是依赖于 I/O 操作的，所以必须导入 java.io 包。

（4）sockIn=new BufferedReader(new InputStreamReader(socket.getInputStream()));

sockOut=new PrintWriter(socket.getOutputStream());

上面的两条语句就是通过 Socket 的 getInputStream()方法和 getOutputStream()方法分别得到输入流和输出流，然后就可以利用输入流和输出流发送和接收数据。

【例 5-5】基于 TCP 的 Socket 编程。

服务器程序如下。

```
package socket;
import   java.io.BufferedReader;
import   java.io.IOException;
import   java.io.InputStreamReader;
import   java.net.ServerSocket;
import   java.net.Socket;
public   class   TCPServer {
        public   static void main(String args[]) {
                ServerSocket   ss = null;
                BufferedReader   in = null;
                try {
                        ss = new   ServerSocket(6688);
                        System.out.println("服务器启动...");
                        Socket s = ss.accept();
                        System.out.println("有客户端请求连接，ip："+ s.getInetAddress().getHostAddress());
                        in = new BufferedReader(new InputStreamReader(s.getInputStream()));
                        String clientStr = in.readLine();
                        System.out.println("输出客户端信息：" + clientStr);
        } catch (IOException e) {
                        e.printStackTrace();
        } finally {
                try {
                        if (in != null) {
                                in.close();
                        }
                        if (ss != null) {
```

```
                    ss.close();
                }
            } catch (IOException e) {
                e.printStackTrace();
            }
        }
    }
}
```

客户端程序如下。

```
package socket;
import  java.io.BufferedWriter;
import  java.io.IOException;
import  java.io.OutputStreamWriter;
import  java.net.Socket;
import  java.net.UnknownHostException;
import  java.util.Scanner;
public class TCPClient {
        public static void main(String[] args) {
            Socket s = null;
            BufferedWriter out = null;
            try {
                s = new Socket("127.0.0.1", 6688);
                System.out.println("与服务器端建立连接...");
                System.out.println("客户端输入信息：");
                Scanner sc = new Scanner(System.in);
                String clientStr = sc.nextLine();
                out = new BufferedWriter(new  OutputStreamWriter(s.getOutputStream()));
                out.write(clientStr);
                out.flush();
            } catch (UnknownHostException e) {
                e.printStackTrace();
            } catch (IOException e) {
                e.printStackTrace();
            } finally {
                try {
                    if (out != null) {
                        out.close();
                    }
            if (s != null) {
                s.close();
            }
                } catch (IOException e) {
                    e.printStackTrace();
```

```
                    }
                }
            }
}
```

先运行服务器程序，输出如下结果。

```
服务器启动...
```

再运行客户端程序，在控制台上录入“hello”，则客户端输出结果如下。

```
与服务器端建立连接...
客户端输入信息:
hello
```

此时服务器输出结果变为:

```
有客户端请求连接，ip：127.0.0.1
输出客户端信息：hello
```

【例 5-6】Socket 通信服务端的程序。

```
package add;
import  java.net.*;
import  java.io.*;
public class Server1 {
        public static void main(String argv[]) {
        ServerSocket  serverSocket = null;
        Socket socket = null;
        BufferedReader  sockIn;
        PrintWriter   sockOut;
        BufferedReader  stdIn = new BufferedReader(new InputStreamReader(System.in));
        try {
            //创建一个端口号为 8888 的 ServerSocket
            serverSocket = new ServerSocket(8888);
            System.out.println("Server listening on port 8888");
            //监听客户端的连接请求，当建立连接时，返回一个代表此连接的 Socket 对象
            socket = serverSocket.accept();
            if (socket == null) {
                System.out.println("socket null");
                System.exit(1);
            }
            System.out.println("accept connection  from:"+
                            socket.getInetAddress().getHostAddress());
            // 得到输入流
            sockIn = new BufferedReader(new InputStreamReader(socket.getInputStream()));
            sockOut = new PrintWriter(socket.getOutputStream()); // 向客户端输出信息
            sockOut.println("hello,i am server");
            sockOut.flush();
            String s = sockIn.readLine();// 接收客户端传过来的数据并输出
            System.out.println("Server received: " + s);
```

```
            sockOut.close();// 关闭连接
            sockIn.close();
            socket.close();
            serverSocket.close();
        }// try 结束
        catch (Exception e) {
            System.out.println(e.toString());
        }
            System.out.println("server exit");
        }// main 方法结束
}
```

程序说明：在例 5-6 中定义了类 Server1，在类 Server1 的 main()方法中首先创建一个端口号为 8888 的 ServerSocket 对象，再调用该对象的 accept()方法监听客户端的连接请求，在建立连接后，返回一个代表此连接的 Socket 对象，利用这个 Socket 对象的 getInputStream()方法和 getOutputStream()方法分别得到输入流和输出流，然后就可以利用它们发送和接收数据了。

先运行服务器程序，输出结果如下。

```
Server listening on port 8888
```

【例 5-7】Socket 通信客户端程序。

```
import  java.net.*;
import  java.io.*;
public class Client1 {
        public static void main(String argv[]) {
            Socket   socket = null;
            BufferedReader   sockIn;
            PrintWriter   sockOut;
            try {
                //创建一个连接 IP 地址为 127.0.0.1(此地址为本机的 IP 地址)服务器的 Socket，
                //端口号为 8888；这样，一个 Socket 就可以和服务器的 Socket 对应，并进行
                //通信了
                socket = new Socket("127.0.0.1", 8888);
                if (socket == null) {
                    System.out.println("socket null,connect error");
                    System.exit(1);
                }
                System.out.println("connected to server");
                //利用 Socket 的两个方法：getInputStream()和 getOutputStream(),
                //分别得到输入流和输出流
                sockIn = new BufferedReader(new InputStreamReader(
                        socket.getInput Stream()));
                sockOut = new PrintWriter(socket.getOutputStream());
                sockOut.println("hello,i am client"); // 向服务器输出信息
                sockOut.flush();
                String s = sockIn.readLine(); // 从服务器读取信息
```

```
                System.out.println("Client received: " + s);
                sockOut.close();// 关闭连接
                sockIn.close();
                socket.close();
            } catch (Exception e) {
                System.out.println(e.toString());
            }
            System.out.println("client exit");
        } // main 方法结束
}
```

程序说明： 在例 5-7 中定义了类 Client1，在类 Client1 的 main()方法中创建一个连接 IP 地址为 127.0.0.1（此地址为本地主机的 IP 地址）的服务器的 Socket，端口号为 8888；利用这个 Socket 对象的 getInputStream()方法和 getOutputStream()方法分别得到输入流和输出流，可以利用它们和服务器交换数据，客户端的输出如下。

```
connected to server
Client received: hello,i am server
client exit
```

此时服务器运行结果如下。

```
accept connection   from:127.0.0.1
Server received: hello,i am client
server exit
```

服务器程序和客户端程序通信过程如图 5-7 所示。

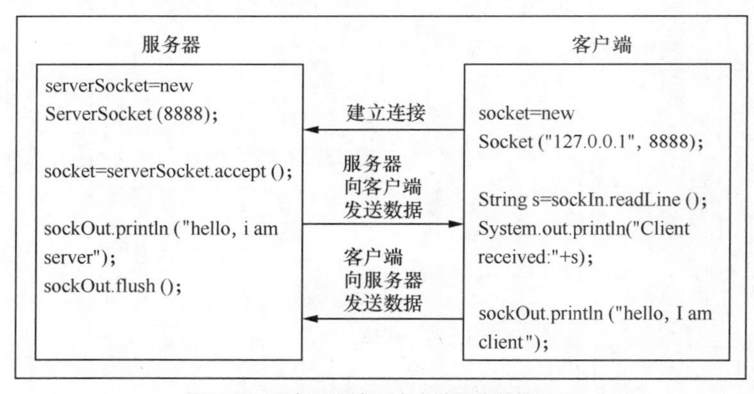

图 5-7　服务器程序和客户端程序通信过程

5.2.3　基于多线程的 Socket 编程

由于存在单个服务器程序与多个客户端程序通信的可能，所以服务器程序响应客户端程序不应该等待很长时间，否则客户端程序在得到服务前有可能花很长时间来等待通信的建立，而且服务器程序和客户端程序的会话有可能是很长的，因此，需要加快服务器对客户端程序连接请求的响应，典型的方法是服务器为每一个客户连接运行一个后台线程，这个后台线程负责处理服务器程序和客户端程序的通信。

【例 5-8】多线程 Socket 通信服务器端的程序。

```
import java.io.*;
import java.net.*;
import java.util.*;
public class SSServer {
        public static void main(String[] args) throws IOException {
            System.out.println("Server starting...\n");
            //创建一个端口号为 8888 的 ServerSocket
            ServerSocket server = new ServerSocket(8888);
            while (true) {
                //监听客户端的连接请求，当建立连接时，返回一个代表此连接的 Socket 对象
                Socket s = server.accept();
                System.out.println("Accepting Connection...\n");
                new ServerThread(s).start(); //启动一个处理此连接的线程
            } //结束 while 循环
        } //main()方法结束
}

class ServerThread extends Thread {
        private Socket s;
        ServerThread(Socket s) {
            this.s = s;
        }
        public void run() {
            BufferedReader br = null;
            PrintWriter pw = null;
            try {
                InputStreamReader isr = new InputStreamReader(s.getInputStream());
                br = new BufferedReader(isr);
                pw = new PrintWriter(s.getOutputStream(), true);
                String name = br.readLine(); //从客户端读入一行数据
                System.out.println("用户" + name + "访问服务器");
                pw.println("我是 Server,欢迎你" + name);
            } //向客户端输出欢迎信息
            catch (IOException e) {
                System.out.println(e.toString());
            } finally {
                System.out.println("Closing Connection...\n");
            }
            //关闭连接
            try {
                br.close();
                pw.close();
```

```
                s.close();
            } catch (IOException e) {
            }
        } //run()方法结束
}
```

运行 SSServer 后就可以运行一个或多个 SSClient 程序，程序输出结果如下。

```
Server starting...
Accepting Connection...
用户 a1 访问服务器
Closing Connection...
Accepting Connection...
用户 a2 访问服务器
Closing Connection...
```

程序说明：SSServer 的源代码声明了两个类——SSServer 和 ServerThread。SSServer 的 main()方法创建了一个 ServerSocket 对象，SSServer 进入一个无限循环中，调用 ServerSocket 的 accept()方法来等待连接请求，如果接收到连接请求，则启动一个后台线程处理客户端程序的连接请求(accept()方法返回的请求)。线程从 ServerThread 类对象的 start()方法开始，并执行 ServerThread 类的 run()方法中的代码。

【例 5-9】多线程 Socket 通信客户端的实例。

```
import  java.io.*;
import  java.net.*;
public class SSClient {
        //定义从键盘读入字符串的方法
        static String readString() {
            BufferedReader br = new BufferedReader(new InputStreamReader(System.in),
                                1);
            String string = "";
            try {
                string = br.readLine();
            } catch (IOException ex) {
                System.out.println(ex);
            }
            return string;
        }

        public static void main(String[] args) {
            String host = "127.0.0.1";
            BufferedReader br = null;
            PrintWriter pw = null;
            Socket s = null;
            try {
                s = new Socket(host, 8888); //创建一个端口号为 8888 的 Socket
                InputStreamReader isr = new InputStreamReader(s.getInputStream());
```

```
                br = new BufferedReader(isr);
                pw = new PrintWriter(s.getOutputStream(), true);
                System.out.println("请输入您的姓名："); //输入姓名
                String name = readString();
                pw.println(name); //向服务器发送数据
                //向控制台输出服务器输送过来的欢迎信息
                System.out.println(br.readLine());
                }catch (IOException e) {
                System.out.println(e.toString());
            }
            finally {   //关闭连接
              try {
                  br.close();
                  pw.close();
                  s.close();
              } catch (IOException e) {
            }
        }
    }
}
```

运行客户端 1，输出结果如下。

```
请输入您的姓名:
a1
我是 Server,欢迎你 a1
```

运行客户端 2，输出结果如下。

```
请输入您的姓名:
a2
我是 Server,欢迎你 a2
```

例 5-9 中定义了类 SSClient，在 SSClient 类的 main()方法中创建了一个 Socket 对象与运行在端口 8888 的服务器程序联系。获得 Socket 的输入流和输出流后，从键盘输入信息，通过输出流向服务器输出；通过输入流从服务器接收数据后，向控制台输出。

【例 5-10】多线程网络服务器编程实例。

先定义一个服务器类，能够不断从客户端接收信息。

```
package socket;
import  java.io.BufferedReader;
import  java.io.IOException;
import  java.io.InputStreamReader;
import  java.io.OutputStreamWriter;
import  java.io.PrintWriter;
import  java.net.Socket;
import  java.util.Scanner;
public  class Servicer  implements  Runnable {
        Socket s;
```

```
        public Servicer(Socket s) {
            this.s = s;
        }
        public void run() {
            BufferedReader   in = null;
            PrintWriter   out = null;
            try {
                in = new   BufferedReader(new InputStreamReader(s.getInputStream()));
                out = new   PrintWriter(new OutputStreamWriter(s.getOutputStream()),true);
                while (true) {
                        String str = in.readLine();
                        if (str.equals("exit")) {
                            break;
                        }
                        System.out.println("接收客户端数据：" + str);
                        System.out.println("服务器端：");
                        Scanner sc = new Scanner(System.in);
                        String serStr = sc.nextLine();
                        out.println(serStr);
                }
            } catch (IOException e) {
                        e.printStackTrace();
            } finally {
                        try {
                            if (in != null) {
                                in.close();
                            }
                            if (out != null) {
                                out.close();
                            }
                        } catch (IOException e) {
                            e.printStackTrace();
                        }
            }
        }
}
```

再定义一个多线程服务器。

```
import   java.io.IOException;
import   java.net.ServerSocket;
import   java.net.Socket;
public class TServer {
        public static void main(String[] args) {
            ServerSocket   ss = null;
```

```
            try {
                ss = new   ServerSocket(8888);
                while(true){
                    Socket s = ss.accept();
                    Servicer ser = new Servicer(s);
                    Thread t = new Thread(ser);
                    t.start();
                }
            } catch (IOException e) {
                e.printStackTrace();
            }
        }
}
```

客户端程序如下。

```
package socket;
import   java.io.BufferedReader;
import   java.io.IOException;
import   java.io.InputStreamReader;
import   java.io.OutputStreamWriter;
import   java.io.PrintWriter;
import   java.net.Socket;
import   java.net.UnknownHostException;
import   java.util.Scanner;
public class TClient {
        public static void main(String[] args) {
            Socket s = null;
            try {
                s = new Socket("127.0.0.1", 8888);
                BufferedReader   in = new BufferedReader(new InputStreamReader(
                                        s.getInputStream()));
                PrintWriter out = new PrintWriter(new OutputStreamWriter(
                                                s.getOutput Stream()), true);
                while (true) {
                    Scanner sc = new Scanner(System.in);
                    System.out.println("客户端：");
                    String str = sc.nextLine();
                    out.println(str);
                    if (str.equals("exit")) {
                        break;
                    }
                    String msg = in.readLine();
                    System.out.println("接收服务器数据：" + msg);
                    }
```

```
                    System.out.println("客户端退出");
                } catch (UnknownHostException e) {
                    e.printStackTrace();
                } catch (IOException e) {
                    e.printStackTrace();
                } finally {
                    try {
                        if (s != null) {
                            s.close();
                        }
                    } catch (IOException e) {
                        e.printStackTrace();
                    }
                }
            }
        }
```

先启动服务器，然后启动多个客户端，这里启动两个。第一个客户端运行结果如下。

```
客户端：I am client1
```

第二个客户端运行结果如下。

```
客户端：I am client2
```

服务器输出如下。

```
接收客户端数据：I am client1
服务器端：
接收客户端数据：I am client2
服务器端：
```

【例 5-11】序列化与反序列在 Socket 通信上的使用。

```
public class Customer implements Serializable {
    String name;
    int age;
    String password;
    double money;

    Customer(String name, int age, String password, double money) {
        this.name = name;
        this.age = age;
        this.password = password;
        this.money = money;
    }

    public String toString() {
        return "name=" + name + " age=" + age + " password=" + password + " money=" +
                money;
    }
```

```
}
//客户端代码
public class ClientDemo {
        public static void main(String args[]){
            try {
                Socket cs = new Socket(InetAddress.getLocalHost(),1234);
                OutputStream os = cs.getOutputStream();
                ObjectOutputStream oos = new ObjectOutputStream(os);
                Customer c1 = new Customer("xiaowanzi",9,"hualun",20.0);
                oos.writeObject(c1);
                oos.flush();
                oos.close();
            } catch (UnknownHostException e) {
                System.out.println(e.getMessage());
            } catch (IOException e) {
                System.out.println(e.getMessage());
            }
        }
}
//服务器代码
import  java.net.*;
import  java.io.*;
public  class SeverDemo {
        public  static  void  main(String args[]){
         ServerSocket  ser = null;
         Socket soc = null;
         Customer c1 = null;
         try {
             ser = new ServerSocket(1234);
             System.out.println("准备接收来自 Client 的信息...");
             soc = ser.accept();
             InputStream  in = soc.getInputStream();
             ObjectInputStream  ois = new ObjectInputStream(in);
             c1 = (Customer)ois.readObject();
             System.out.println(c1);
             ois.close();
         } catch (IOException e) {
             System.out.println(e.getMessage());
         } catch (ClassNotFoundException  e) {
             System.out.println(e.getMessage());
         }
      }
}
```

5.3 本章小结

本章介绍了 Java 网络编程的基础知识，及其特点和方法，重点介绍了 TCP 的 Socket 编程及基于多线程的 Socket 编程。

5.4 本章习题

（1）计算机网络中两种重要的应用模式是______________和______________。

（2）数据报套接字在通信过程中包括 3 个相关的类，分别是______________、______________和______________。

（3）下列哪一个不是 InetAddress 类提供的静态方法（ ）。

A. getLocalHost()　B. getHostName()　C. getAddress()　D. getPort()

（4）下列哪一个不属于数据报套接字工作中相关的类（ ）。

A. DatagramPacket　B. DatagramSocket

C. ServerSocket　D. InetAddress

（5）Socket 和 ServerSocket 是 Java 语言网络类库提供的两个类，它们位于下列哪一个包中（ ）。

A. java.net　B. java.io　C. java.net.ftp　D. java.util

（6）如何判断一个 ServerSocket 已经与特定端口绑定，并且还没有被关闭（ ）。

A. boolean isOpen=serverSocket.isBound();

B. boolean isOpen=!serverSocket.isClosed();

C. boolean isOpen=serverSocket.isBound() && !serverSocket.isClosed();

D. boolean isOpen=serverSocket.isBound() &&serverSocket.isConnected();

（7）试着使用 InetAddress 类获取主机名及 IP 地址。

第 6 章 图形用户界面程序设计

内容导学

为了提供更友好的用户体验，几乎所有的应用软件都提供图形用户界面（GUI）。Java SE 提供了较为完善的图形用户界面解决方案。本章介绍了 Java SE 中实现图形用户界面程序相关类和接口的用法，重点阐述了编写图形用户界面的基本思路：首先通过 GUI 组件构造图形界面外观，然后通过事件处理来实现程序与用户的交互。

学习目标

① 理解图形用户界面的设计原则。
② 能够创建图形用户界面。
③ 熟悉图形用户界面相关的组件类、事件处理类和接口。
④ 能够创建和操作多种组件和容器。
⑤ 能够使用布局管理器。
⑥ 理解动作事件、鼠标事件和键盘事件。

6.1 图形用户界面概述

在程序设计中有一项重要的任务，就是设计和构造用户界面。用户界面是人与计算机交互的接口，用户界面的好坏对软件的应用有着直接的影响。图形用户界面（GUI，Graphics User Interfaces）使用图形化的方式为人与程序的交互提供了一种友好的机制。与字符界面相比，图形界面避免了记忆各种命令，界面美观，操作简便。因此，目前绝大多数应用软件都是采用图形界面。

在 Java 语言中，GUI 由 GUI 组件构成，目前常用的 GUI 组件类多数定义在 javax.swing 包中，称为 Swing 组件。这和早期的 Java 语言有些不同，早期的 GUI 组件定义在称为抽象窗口工具包（AWT，Abstract Window Toolkit）的 java.awt 包中。由于 AWT 组件直接绑定在本地图形用户界面功能上，对底层平台的依赖性较强，因此，GUI 组件可移植性较差。Swing 组件直接使用 Java 语言来编写，对本地底层平台的依赖性较低，更灵活，也更稳定。Swing 组件称为轻型组件，而 AWT 组件称为重型组件。因此，在编程中建议使用 Swing 组件，以提高程序的可移植性。但需要注意的是，Swing 不能完全取代 AWT，AWT 中的一些图形辅助类目前还在使用。

为了方便实现各种图形用户界面程序，Java 语言提供了大量的图形用户界面类和接口，例如，组件类有 JFrame、JPanel、JDialog、JButton、JLabel、JTextField、JMenu 和 JMenuBar 等，事件类有 ActionEvent、MouseEvent 和 KeyEvent 等，监听接口有 ActionListener、MouseListener 和 MouseMotionListener 等，布局管理器类有 BorderLayout、FlowLayout 和 GridLayout 等，绘图相关的类有 Griphics、Color、Font 等。

从列举的这些类和接口中可以感觉到，图形化程序设计比之前的命令行方式要复杂。特别是对于刚刚接触 Java 语言的人来说，同时接触这么多类和接口可能无从下手。为了便于理解，可以简单地将图形用户界面程序设计的主要工作分成两部分。

（1）设计并创建界面外观：主要是创建组成图形界面的各个组件，并按照设计组合排列，构成完整的图形用户界面。

（2）实现界面的交互功能：主要是为界面外观添加事件处理，实现能够处理各种界面事件的方法，以完成程序与用户之间进行交互的任务。

本章将以这两个方面为主要思路来阐述实现图形用户界面的方法。

6.2 构造简单的图形界面

Java 语言中使用 GUI 组件构成图形用户界面，按照 GUI 组件作用的不同可以分成两类：容器和控制组件。容器是用来组织其他组件的单元，在容器中可以容纳多个其他的容器和控制组件。控制组件的作用是完成与用户的交互功能，简单地说，就是受用户控制的组件，它是组成用户界面的最小单位，它和容器不同，不能容纳其他组件。总的来说，要构造一个图形界面，首先应该创建一个合适的容器，然后在容器中按照特定的规则摆放各种满足交互需求的控制组件，这个特定的规则是通过为容器设置布局管理器来完成的。

下面以图 6-1 所示的图形界面为例来阐述如何构造一个图形用户界面的外观，以及容器、控制组件和布局管理器之间的关系。

图 6-1 所示的图形界面主要由两部分组成，一部分是带标题栏的窗口（Java 语言中称为框架），另一部分是带有“确定”和“取消”字样的两个按钮。要构造这样的界面，首先应该创建框架，然后在其上安放两个按钮。这里框架就是一种容器，而按钮就是一种控制组件。下面来详细阐述如何创建框架及将按钮添加到框架上。

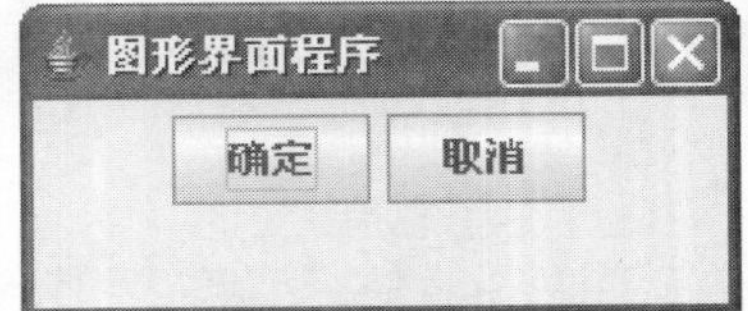

图 6-1　简单的图形界面

6.2.1　创建框架

JFrame 是用于框架窗口的类，此窗口带有边框、标题、用于关闭和最小化窗口的图标等，带 GUI 的应用程序通常至少使用一个框架窗口。

1. 框架类 JFrame

Java 语言中用于定义框架的类有两个：Frame 和 JFrame，它们都可以创建框架，前者定义在 java.awt 包中，属于 AWT 组件，而后者定义在 javax.swing 包中，属于 Swing 组件。有这样一个规律：凡是以“J”开头的就是 Swing 组件，我们尽量要使用这种以“J”开头的 Swing 组件。本书的实例中介绍的也都是 Swing 组件，但由于 Java 语言中 Swing 组件有 250 多个，而且还在继续扩充，因此，本章只能介绍其中一小部分，更多的 Swing 组件还需要读者通过查阅其他参考书或者 JDK 帮助文档来进一步学习。

在 Java 语言中，框架是最常用的容器之一，它是编写图形化应用程序所使用的最外层容器。也就是说，编写一个图形化应用程序，先要创建一个框架，然后通过这个框架来组织其他 GUI 组件。与其相似的容器还有 JApplet，它是编写 Java 小应用程序所使用的最外层容器。关于 Java 小应用程序将在本章最后进行介绍。

2. JFrame 的构造方法

（1）public JFrame()：创建不带标题的框架。

（2）public JFrame(String title)：创建指定标题的框架。标题通过参数 title 指定。

3. JFrame 的常用方法

（1）public void setSize(int width , int height)：设置框架的大小，width 为框架的宽度，height 为框架的高度，它们以像素为单位。

（2）public void setVisible(boolean b)：设置框架的可视状态。当参数值为 true 时显示框架，当

参数值为 false 时隐藏框架。

（3）public void setDefaultCloseOpration(int operation)：设置框架默认的关闭操作，如果 operation 的值设置为 JFrame.EXIT_ON_CLOSE，则在关闭框架时退出应用程序。

【例 6-1】使用框架创建一个简单的图形界面程序。

```
//引入程序中需要使用的 JFrame 类
import javax.swing.JFrame;
public class TestFrame {
    public static void main(String[] args){
        //创建一个标题为“我的第一个 GUI 程序”的框架
        JFrame frame = new JFrame("我的第一个 GUI 程序");
        //设置框架初始显示的大小
        frame.setSize(200,100);
        //设置框架在关闭的同时退出应用程序
        frame.setDefaultCloseOperation(JFrame.EXIT_ON_CLOSE);
        //显示框架
        frame.setVisible(true);
    }
}
```

程序运行后显示图 6-2 所示的图形界面。

图 6-2　例 6-1 的运行结果

程序说明：例 6-1 先引入了 javax.swing 包中的 JFrame 类，然后在 main()方法中创建了 JFrame 类的一个实例，从图 6-2 中可以看到，传递给构造方法的字符串参数显示在框架的标题栏上。这说明，在 Java 语言中可以通过 JFrame 创建框架。另外，程序通过 frame.setSize(200,100)方法设置框架的大小为 200 像素宽，100 像素高。如果注释掉这条语句，可以看到程序运行后只显示一个标题栏。程序通过 frame.setVisible(true)方法将创建的框架对象显示出来，也就是说，如果注释掉这条语句，将什么都看不到。最后，frame.setDefaultCloseOpration (JFrame.EXIT_ON_CLOSE)方法的作用是当关闭框架的同时退出应用程序。也就是说，如果没有这条语句，在关闭框架时，应用程序将继续运行。

6.2.2　添加组件

通过 JFrame 可以创建一个框架，但是，要创建的图形界面除了要有框架外，其上还要有两个按钮，那么如何创建按钮，以及如何将按钮添加到框架上呢？添加到窗口的组件实际是添加到窗口的内容窗格，添加组件前需要设置窗口布局，下面来讲解一下向容器中添加组建的方法与思路。

1．获取框架内容窗格的方法

public Container getContentPane()：其中，Container 类是所有容器类的父类。

2．所有容器常用的方法

（1）add(Component comp)：该方法可以将组件添加到容器中，其中，Component 类是所有组件类的父类。

（2）setLayout(LayoutManager mgr)：该方法可以为容器设置一种布局管理器，其中，

LayoutManager 是所有布局管理器类必须实现的接口，相当于所有布局管理器类的父类。

3. 构造图形用户界面的基本思路

首先根据界面设计确定需要的容器，然后通过 setLayout()方法为容器设置合适的布局管理器，最后通过 add()方法将组件添加到容器中。这里需要注意的是，容器中的组件包括控制组件，也包括一部分容器。

【例 6-2】 创建带有按钮的窗口程序。

```
import javax.swing.*;
public class TestFrameWitButton {
    public static void main(String[] args){
        //创建一个标题为“图形界面程序”的框架
        JFrame frame = new JFrame("图形界面程序");
        //创建一个标签为“ok”的按钮，并添加在框架的内容窗格上
        frame.getContentPane().add(new JButton("ok"));
        //创建一个标签为“cancel”的按钮，并添加在框架的内容窗格上
        frame.getContentPane().add(new JButton("cancel"));
        //设置框架初始显示的大小
        frame.setSize(200,100);
        //实现在关闭框架时退出应用程序的功能
        frame.setDefaultCloseOperation(JFrame.EXIT_ON_CLOSE);
        //显示框架
        frame.setVisible(true);
    }
}
```

程序运行后显示图 6-3 所示的图形界面。

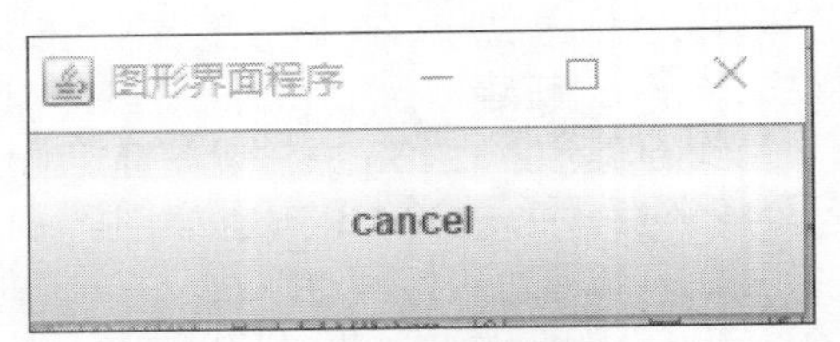

图 6-3　例 6-2 的运行结果

程序说明：例 6-2 与例 6-1 相比只添加了两条语句。其中，frame.getContentPane()可以获取框架的内容窗格，这里要说明一下，在 Java 语言中，一般不直接在 JFrame 中添加组件，而是将组件添加到 JFrame 上附着的一层称为内容窗格的容器中，这种容器默认是透明的，就像直接加到 JFrame 中一样。另外，我们还可以看到，使用 new JButton(“ok”)可以创建一个显示为“ok”的按钮，同样，使用 new JButton(“cancel”)可以创建一个显示为“cancel”的按钮，然后，通过内容窗格的 add()方法可以将这个按钮添加到内容窗格上。最后，在显示框架时，就可以看到带有按钮组件的框架了。

从图 6-3 中可以看到，结果并不是同时显示两个按钮，而是“cancel”按钮填满了整个内容窗格，“ok”按钮没有显示出来。这说明按钮在内容窗格中的摆放规则不满足需要，那么，如何改变这个规则呢？这就需要通过为容器设置布局管理器来设定容器的布局规则，那么，如何构造布局管理器，以及如何将布局管理器设置给容器呢？下面再看一个例子。

【例 6-3】 创建带有两个按钮的窗口。

```
import java.awt.*;
import javax.swing.*;
public class TestFrameButton {
    public static void main(String[] args)    {
        JFrame frame = new JFrame("带有两个按钮的图形界面程序");
```

```
        //将框架的内容窗格的布局管理器设置为 FlowLayout 布局
        frame.getContentPane().setLayout(new FlowLayout());
        frame.getContentPane().add(new JButton("ok"));
        frame.getContentPane().add(new JButton("cancel"));
        frame.setSize(200,100);
        frame.setDefaultCloseOperation(JFrame.EXIT_ON_CLOSE);
        frame.setVisible(true);
    }
}
```

程序运行后显示图 6-4 所示的图形界面。

程序说明：例 6-3 与例 6-2 相比添加了一条语句，从这条语句中可以看到，new FlowLayout()创建了一种类型为 FlowLayout 的布局管理器，通过内容窗格容器的 setLayout 方法即可将这种布局管理器设置内容窗格。

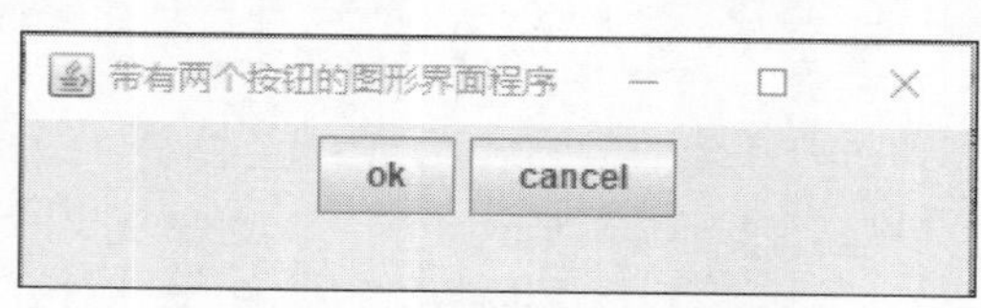

图 6-4　例 6-3 的运行结果

6.3 布局管理器

为了实现良好的平台无关性，Java 语言不像其他语言那样使用像素来排列 GUI 组件，而是使用一种抽象的布局管理器来安排，6.2 节中提到的 FlowLayout()就是一种布局管理器。在 Java 语言中有很多种布局管理器，其中 java.awt 包中定义了 5 个基本的布局管理器：FlowLayout、BorderLayout、GridLayout、CardLayout 和 GridBagLayout。这些类实现了 LayoutManager 接口，也就是说，凡是实现了 LayoutManager 接口的类都可以作为布局管理器使用。这些类的实例便是一种布局管理器，每一种布局管理器都有不同的布局规则。它们通过容器的 setLayout()方法设置给容器后，容器就可以按照这种布局管理器的布局规则进行布局。下面简单介绍 5 种基本布局管理器中的前 3 种。

6.3.1 FlowLayout 布局管理器

FlowLayout 是最简单的布局管理器，它的布局规则是将组件按照添加顺序从左到右排列在容器中，一行排满后再换一行。FlowLayout 的构造方法如下。

（1）public FlowLayout(int align , int hGap , int vGap)：3 个参数的构造方法。参数 align 能够指定组件在容器中排列的对齐方式，它的值可以使用 FlowLayout 类中的 3 个静态常量 FlowLayout.RIGHT、FlowLaout.CENTER 和 FlowLaout.LEFT。参数 hGap 指定水平排列的组件之间的间距，vGap 指定垂直排列的组件之间的间距，它们以像素为单位。

（2）public FlowLayout(int align)：一个参数的构造方法。参数 align 如同上一个构造方法中的 align，默认的水平间距和垂直间距是 5 个像素。

（3）public FlowLayout()：无参的构造方法。默认的对齐方式是居中对齐，默认的水平间距和垂直间距是 5 个像素。

下面通过一个例子展示如何使用 FlowLayout 布局管理器。

【例 6-4】使用 FlowLayout 设置窗口布局的实例。

```
import java.awt.*;
import javax.swing.*;
//定义一个 JFrame 的子类 TestFlowLayout，扩展 JFrame
```

```
public class TestFlowLayout extends JFrame{
    //构造方法
    public TestFlowLayout(String title){
        //调用父类的构造方法，完成标题的初始化
        super(title);
        //获取框架的内容窗格，其中 Container 类是所有容器类的父类
        Container   cp = this.getContentPane();
        //创建左对齐，水平间距 10 像素、垂直间距 30 像素的 FlowLayout 布局
        //并将其设置为内容窗格的布局管理器
        cp.setLayout(new FlowLayout(FlowLayout.LEFT,10,30));
        //在内容窗格上添加按钮
        cp.add(new JButton("按钮 1"));
        cp.add(new JButton("按钮 2"));
        cp.add(new JButton("按钮 3"));
        cp.add(new JButton("按钮 4"));
    }
    public static void main(String[] args){
        //创建这个 JFrame 子类的对象，框架的标题为"TestFlowLayout"
        TestFlowLayout frame = new TestFlowLayout("TestFlowLayout");
        frame.setSize(300,200);
        frame.setDefaultCloseOperation(JFrame.EXIT_ON_CLOSE);
        frame.setVisible(true);
    }
}
```

程序运行后显示图 6-5 所示的图形界面。

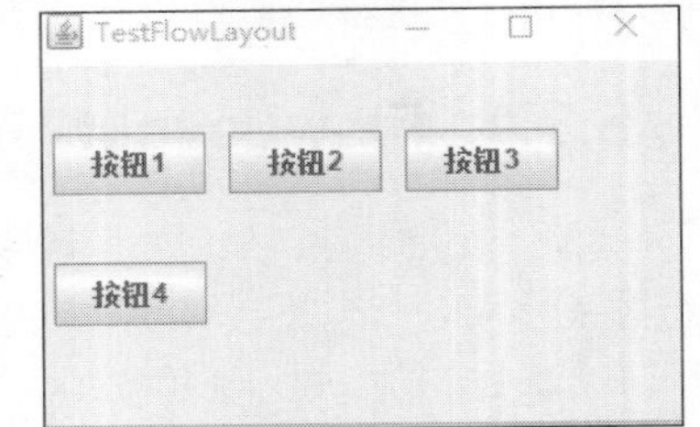

图 6-5　例 6-4 的运行结果

程序说明：本例定义了一个 TestFlowLayout 类，它是 JFrame 的子类。在它的构造方法中完成了为扩展框架设置布局和添加组件的工作，然后在 main()方法中创建了扩展的框架，并把它显示出来，这种方式和 6.2 节中创建框架的方式得到的效果是一样的，但这种方式更符合面向对象的思想，因此，创建图形用户界面时都是使用这种扩展原有框架类的方式。

在本例中创建了一个 FlowLayout 的对象，并将其通过 setLayout()方法设置给了内容窗格，然后通过 add()方法将按钮添加到内容窗格中，得到图 6-5 所示的布局效果。如果改变框架的大小，这时会发现按钮的位置发生了变化。

本例中使用的 Container 类是所有容器类的父类，因此，用其定义的引用 cp 可以引用所有类型的容器对象。

6.3.2　BorderLayout 布局管理器

BorderLayout 布局管理器的布局规则是将容器分成 5 个部分：东区、南区、西区、北区和中央。组件被添加到这 5 个区域中。

（1）BorderLayout 的构造方法

① public BorderLayout(int hGap , int vGap)：具有 2 个参数的构造方法。参数 hGap 指定水平排列的组件之间的间距，vGap 指定垂直排列的组件之间的间距，它们以像素为单位。

② public BorderLayout()：无参的构造方法。默认没有水平间距和垂直间距。

（2）添加组件的方法

add(Component comp , int index)：其中，参数 comp 指定需要向容器中添加的组件，参数 index 指定将组件添加到哪个区域中，它的取值可以是 BorderLayout.EAST、BorderLayout.SOUTH、BorderLayout.WEST、BorderLayout.NORTH 和 BorderLayout.CENTER，分别代表 5 个区域。

下面通过一个例子来看一下如何使用 BorderLayout 布局管理器。

【例 6-5】使用 BorderLayout 布局管理器设置窗口布局实例。

```
import java.awt.*;
import javax.swing.*;
public class TestBorderLayout extends JFrame{
    public TestBorderLayout(String title){
        //调用父类的构造方法，完成标题的初始化
        super(title);
        //获取框架的内容窗格，其中 Container 类是所有容器类的父类
        Container   cp = this.getContentPane();
        //设置内容窗格的布局为 BorderLayout
        cp.setLayout(new BorderLayout());
        //在内容窗格的不同区域中添加按钮组件
        cp.add(new JButton("East"),BorderLayout.EAST);
        cp.add(new JButton("South"),BorderLayout.SOUTH);
        cp.add(new JButton("West"),BorderLayout.WEST);
        cp.add(new JButton("North"),BorderLayout.NORTH);
        cp.add(new JButton("Center"),BorderLayout.CENTER);
    }
    public static void main(String[] args){
        TestBorderLayout frame = new TestBorderLayout("TestBorderLayout");
        frame.setSize(300,200);
        frame.setDefaultCloseOperation(JFrame.EXIT_ON_CLOSE);
        frame.setVisible(true);
    }
}
```

程序运行后显示图 6-6 所示的图形界面。

程序说明：在本例中使用 BorderLayout 的对象作为内容窗格的布局管理器，这里可以看到，将组件添加到容器采用的 add()方法与前面有所不同，它在添加时可以指定组件放置的位置。在本例中，5 个区域全部添加了组件，如果某个区域没有添加组件，则这个区域会被相邻区域占据。

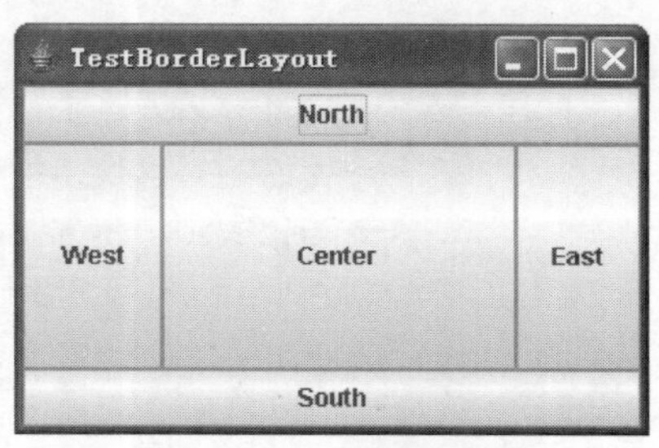

图 6-6　例 6-5 的运行结果

注意 如果在使用 add()方法时没有指明将组件添加到哪个区域，则默认为中央区域，也就是说，add(component)与 add(component，BorderLayout.CENTER)是等价的。

6.3.3 GridLayout 布局管理器

GridLayout 布局管理器的布局规则是将容器划分成若干行和若干列的网格，然后在这些大小相同的网格中按照添加的顺序从左到右排列组件，如果一行排满，就从下一行接着排列。

GridLayout 的构造方法如下。

（1）public GridLayout(int rows , int columns , int hGap , int vGap) ：该构造方法通过前两个参数划分容器的行数和列数，通过后两个参数指定组件之间的水平和垂直间距，以像素为单位。

（2）public GridLayout(int rows , int columns) ：该构造方法通过两个参数划分容器的行数和列数，默认组件之间的水平和垂直间距为 0 像素。

（3）public GridLayout() ：无参构造方法，构造的布局为在一行上添加若干个组件，默认组件之间的水平和垂直间距为 0 像素。

注意 **虽然 GridLayout 的构造方法可以指定容器网格的行数和列数，但是最终显示的列数不一定是指定的列数，这与实际添加的组件也有关系。例如，构造方法中指定容器网格是 2 行 3 列，如果添加的组件是 4 个，那么显示的是 2 行 2 列，如果添加的组件是 7 个，那么显示的是 2 行 4 列。**

下面通过一个例子来看一下如何使用 GridLayout 布局管理器。

【例 6-6】使用 GridLayout 布局管理器设置窗口布局实例。

```
import java.awt.*;
import javax.swing.*;
//扩展 JFrame，定义 JFrame 类的子类
public class TestGridLayout extends JFrame{
	//能够设置标题的构造方法，完成框架的初始化
	public TestGridLayout(String title) {
		//调用父类的构造方法，完成标题的初始化
		super(title);
		//获取框架的内容窗格，其中 Container 类是所有容器类的父类
		Container   cp = this.getContentPane();
		//设置内容窗格的布局为 GridLayout
		cp.setLayout(new GridLayout(2,3));
		//按顺序在内容窗格中添加不同的按钮组件
		cp.add(new JButton("Button1"));
		cp.add(new JButton("Button2"));
		cp.add(new JButton("Button3"));
		cp.add(new JButton("Button4"));
		cp.add(new JButton("Button5"));
```

```
	}
	public static void main(String[] args){
		TestGridLayout frame = new TestGridLayout("TestGridLayout");
		frame.setSize(300,200);
		frame.setDefaultCloseOperation(JFrame.EXIT_ON_CLOSE);
		frame.setVisible(true);
	}
}
```

程序运行后显示图 6-7 所示的图形界面。

在本例中使用 GridLayout 的对象作为内容窗格的布局管理器，通过 GridLayout 布局，将内容窗格划分成 2 行 3 列的 6 个区域，在其中添加了 5 个按钮。与 FlowLayout 相比，相同点是，容器添加组件的方法一样，而且添加的顺序决定了组件在容器中的位置；不同点是，组件的位置不会随着框架大小的变化而改变，而组件的大小会随着框架大小的变化而发生变化。

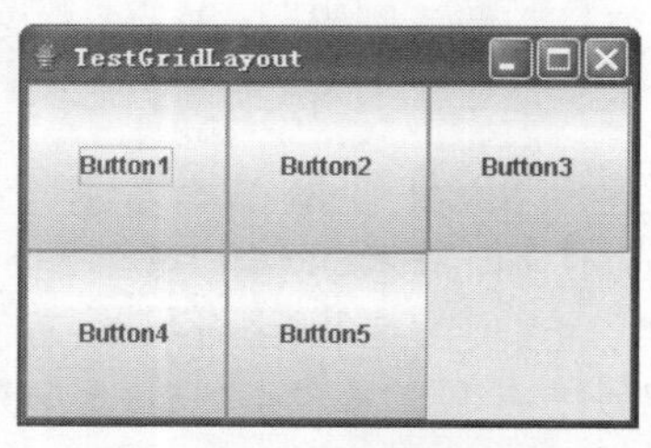

图 6-7　例 6-6 的运行结果

6.4 交互与事件处理

前面阐述了如何绘制简单的图形用户界面外观，但是这些程序对用户的操作没有反应，也就是说程序都没有交互能力。本节所阐述的就是如何为前面绘制的图形界面添加交互能力，使得程序用户在单击按钮或者进行其他操作的时候，程序能够做出反应。

6.4.1 事件处理模型

在 Java 语言中使用事件处理的方式来实现图形用户界面的交互，采用的事件处理机制称为委托事件处理模型。该模型规定的事件处理流程是这样的：当用户操作图形界面组件时，该组件会自动产生某种代表这种操作发生的信号，这个信号称为事件（Event），产生事件的组件称为事件源。然后一个称为监听器的对象会接收到这个事件，并对其进行处理。这样，当用户操作某个 GUI 组件时，只要有监听器监听这个组件产生的事件，程序就可以实现对用户行为进行响应，也就是所谓的交互。

要想清楚这个模型具体如何使用，应该先弄清楚以下两个问题。

一是事件源与事件之间的具体关系，即有哪些事件源，它们在什么情况下会产生哪些类型的事件？了解这些问题后才能根据程序功能的需要来决定哪些事件需要处理，哪些事件可以忽略。

二是如何实现监听器？这是关键，因为对事件的处理是由监听器完成的。

首先，来解决第一个问题。

当用户行为作用于 GUI 组件时，这些组件会产生某种事件（Event）。产生事件的 GUI 组件称为事件源对象，所有的 GUI 组件都可以是事件源。事件是事件类的实例，它由事件源在用户行为的作用下自动产生，Java 语言中所有的事件类都是 java.util.EventObject 的子类，它们的层次关系如图 6-8 所示。

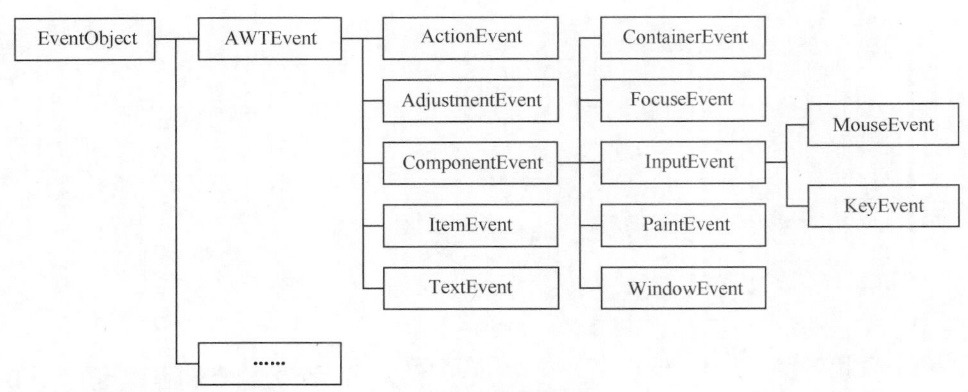

图 6-8　事件类的层次关系

EventObject 类的子类描述特定类型的事件，例如，ActionEvent 描述的是动作事件，WindowEvent 描述的是窗口事件，MouseEvent 描述的是鼠标事件等。图 6-8 中只列举了基本的 AWT 事件类，它们定义在 java.awt.event 包中，AWT 组件和 Swing 组件都可以产生这些类型的事件，省略号部分是扩展的事件类，这部分数目比较多，详细情况可以参照 JDK 文档，它们主要定义在 javax.swing.event 包中，由 Swing 组件产生。表 6-1 列举了一些基本的用户行为、事件源和事件类型之间的关系。

表 6-1　　用户行为、事件源和事件类型之间的关系

用户行为	事件源	事件类型
单击按钮	JButton（按钮）对象	ActionEvent
在文本域按<Enter>键	JTextField（文本域）对象	ActionEvent
改变文本	JTextField（文本域）对象	TextEvent
改变文本	JTextArea（文本区）对象	TextEvent
窗口打开、关闭、最小化、还原或正在关闭	Window 及其子类对象	WindowEvent
在容器中添加或者删除组件	Container 的所有子类对象	ContainerEvent
组件移动、改变大小、隐藏或显示	Component 的所有子类对象	ComponentEvent
组件获取或者失去焦点	Component 的所有子类对象	FocuseEvent
按下或者释放键	Component 的所有子类对象	KeyEvent
鼠标按下、释放、单击、进入或离开组件、移动或者拖动	Component 的所有子类对象	MouseEvent

从表 6-1 中可以看到，不同的事件源在不同情况下产生事件的类型也是不同的，其中，所有的容器都能产生 ContainerEvent 事件，由于 Component 是所有 GUI 组件的父类，因此，所有的 GUI 组件都能产生 ComponentEvent、FocuseEvent、KeyEvent 和 MouseEvent。表 6-1 中只列举了一小部分事件源和事件类，更多的内容在介绍各个 GUI 组件时再详细介绍。

在了解事件与事件源之间的关系后，再来解决第二个问题：如何实现监听器？监听器又是如何进行事件处理的？

前面介绍过，Java 语言使用委托事件处理模型来进行事件处理，即事件源产生的事件委托给监听器进行处理。具体来说，就是先要创建一个能够处理这种事件的监听器（监听器中实现了事件处理方法），然后将这个监听器注册给产生这种事件的事件源（事件源中包含对应的注册方法）。这样，当用户行为作用于事件源（GUI 组件）时，事件源就会产生特定的事件，那么事先注册给它的特定监听器

就能够接收到这个特定的事件，然后监听器调用其中实现的事件处理方法进行处理。委托事件处理模型如图 6-9 所示。

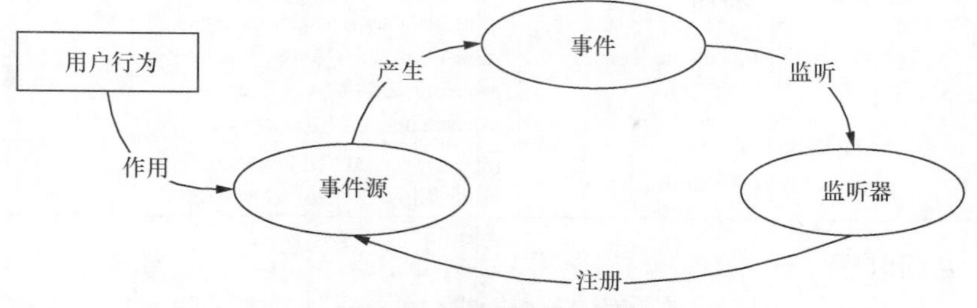

图 6-9　委托事件处理模型

在这个处理模型中，事件源就是 GUI 组件，在构造界面时已经创建完成。事件由事件源自动产生，剩下的问题就是如何实现能够监听并处理事件的监听器了。那么，如何实现一个监听器呢？

Java 语言中每一种事件类都有其对应的监听接口，要创建一个能够监听特定事件的监听器，就必须先定义一个实现监听接口的类，这个类的对象就是一个能够监听对应事件的监听器。例如，ActionEvent 对应的监听接口是 ActionListener，要创建一个能够处理 ActionEvent 事件的监听器就要实现 ActionListener 接口。在每一个监听接口中都定义了若干个事件处理方法，实现监听器实际上就是实现这些事件的处理方法。当事件发生并且监听器接收到这个事件时，监听器就会调用事件处理方法进行处理。例如，ActionListener 接口中定义了 actionPerformed 方法，当 ActionListener 接收到 ActionEvent 发生时，就会调用这个方法，写在这个方法体中的事件处理语句也会被执行。表 6-2 中列举了基本事件类及其对应的监听接口，以及接口中定义的事件处理方法。

表 6-2　事件类及其对应的监听接口和事件处理方法

事件类	监听接口	监听器中的事件处理方法
ActionEvent	ActionListener	actionPerformed (ActionEvent e)
AdjustmentEvent	AdjustmentListener	adjustmentValueChanged (AdjustmentEvent e)
ItemEvent	ItemListener	itemStateChanged (ItemEvent e)
TextEvent	TextListener	textValueChanged (TextEvent e)
WindowEvent	WindowListener	windowOpened (WindowEvent e) windowActivated (WindowEvent e) windowDeactivated (WindowEvent e) windowIconified (WindowEvent e) windowDeiconified (WindowEvent e) windowClosing (WindowEvent e) windowClosed (WindowEvent e)
ContainerEvent	ContainerListener	componentAdded (ContainerEvent e) componentRemoved (ContainerEvent e)
ComponentEvent	ComponentListener	componentMoved (ComponentEvent e) componentHidden (ComponentEvent e) componentResized (ComponentEvent e) componentShown (ComponentEvent e)
FocuseEvent	FocusListener	focusGained (FocusEvent e) focusLost (FocusEvent e)
KeyEvent	KeyListener	keyPressed (KeyEvent e) keyReleased (KeyEvent e) keyTyped (KeyEvent e)

续表

事件类	监听接口	监听器中的事件处理方法
MouseEvent	MouseListener	mousePressed (MouseEvent e) mouseReleased (MouseEvent e) mouseEntered (MouseEvent e) mouseExited (MouseEvent e) mouseClicked (MouseEvent e)
	MouseMotionListener	mouseDragged (MouseEvent e) mouseMoved (MouseEvent e)

从表 6-2 中可以看到一些规律，就是 XXXEvent 对应的监听接口为 XXXListener，这里只有一个例外，就是 MouseEvent 对应两个监听接口 MouseListener 和 MouseMotionListener。

实现好监听器后还要将其注册给事件源，这样事件源产生事件时，事件才能被事先注册好的监听器监听到，并且进行相应的处理，从而实现程序的交互。注册是通过调用事件源的注册方法来实现的，在每一个事件源（GUI 组件）中都定义了若干个注册方法，这些注册方法与事件源能够产生的事件类型有关，与监听器类型对应，XXXListener 对应的注册方法为 addXXXListener。例如，按钮（JButton）可以产生 ActionEvent 事件，对应的监听器接口为 ActionListener，那么为按钮注册动作事件监听器的注册方法名为 addActionListener。

6.4.2 动作事件处理

1. 动作事件类

类名：ActionEvent

常用方法：

（1）public Object getSource()：得到事件源引用，通常用于区分事件源。

（2）public String getActionCommand()：得到动作命令，每个能够产生动作事件的事件源在产生动作事件时都会为动作事件赋予一个字符串类型的动作命令。对按钮来说，默认就是按钮上显示的标签，例如：例 6-7 中的 ok 按钮，它的动作命令就是“ok”，不过这个动作命令可以通过事件源的 setActionCommand()方法进行修改。通常这个方法用于区分动作事件的事件源。

2. 动作事件监听接口

监听接口名：ActionListener。

事件处理方法：public void actionPerformed(ActionEvent e)。

3. 事件源的注册方法

public void addActionListener(ActionListener listener)：将动作事件监听器注册给事件源。

【例 6-7】简单动作事件处理。

```
import javax.swing.*;
import java.awt.*;
//引入事件处理需要的事件类和监听接口
import java.awt.event.*;
//定义一个框架类，同时实现了动作事件的监听接口
public class TestActionEvent extends JFrame implements ActionListener{
  // 创建两个按钮
  private JButton jbtok = new JButton("ok");
  private JButton jbtcancel = new JButton("cancel");
  // 构造方法
```

```
    public TestActionEvent(String title)  {
      // 初始化框架标题
      super(title);
      // 设置内容窗格的布局为 FlowLayout
      getContentPane().setLayout(new FlowLayout());
      // 在内容窗格上添加两个按钮
      getContentPane().add(jbtok);
      getContentPane().add(jbtcancel);
      // 为两个按钮注册监听器
      jbtok.addActionListener(this);
      jbtcancel.addActionListener(this);
    }
    // main 方法
    public static void main(String[] args)  {
      TestActionEvent frame = new TestActionEvent("动作事件");
      frame.setDefaultCloseOperation(JFrame.EXIT_ON_CLOSE);
      frame.setSize(100, 80);
      frame.setVisible(true);
    }
    // 事件处理方法，在事件发生时被调用
    public void actionPerformed(ActionEvent e)  {
      //判断监听到的事件是否是按钮 jbtok 产生的
      if (e.getSource() == jbtok)      {
        System.out.println("确定按钮被点击");
      }
      else if (e.getSource() == jbtcancel)      {
        System.out.println("取消按钮被点击");
      }
    }
  }
```

程序运行效果如图 6-10 所示。

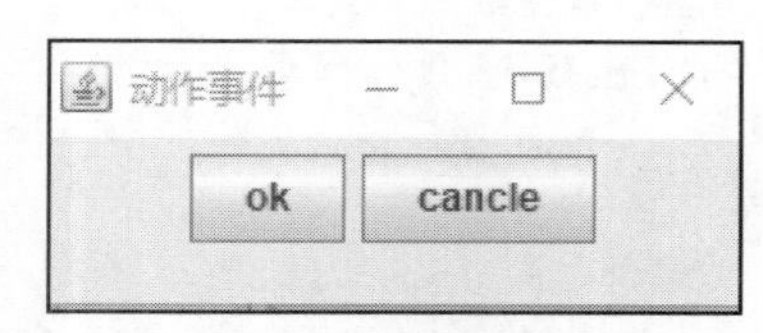

图 6-10　例 6-7 的运行效果

程序说明：本例在框架上添加了“ok”按钮和“cancel”按钮，当用户单击“ok”按钮时，程序在控制台打印输出“确定按钮被单击”，当用户单击“cancel”按钮时，程序在控制台打印输出“取消按钮被单击”。按照 6.4.1 节介绍的事件处理模型，按钮 jbtok 和 jbtcancel 是事件源，它们产生的事件类型是 ActionEvent 动作事件，TestActionEvent 类定义了一个框架，同时它也实现了 ActionListener，因此，它也是动作事件的监听器。在 TestActionEvent 类的构造方法中，通过调用两个按钮的 addActionListener 注册方法，将监听器注册给了两个事件源。这样，当用户单击按钮时，按钮就会产生 ActionEvent 事件，事先注册给这个按钮的监听器（当前的框架）就会监听到这个事件，然后调用事件处理方法 actionPerformed()进行处理。由于监听器负责监听两个事件源，所以在事件处理方法中，通过接收到的事件对象调用 getSource()方法来区分用户单击了哪个按钮。

6.5 常用的 GUI 组件

在此之前，介绍了图形化程序设计的基本思路：先构造界面外观，再为界面外观添加事件处理以实现交互功能。在此基础上，本节介绍如何使用 Java 语言提供的一些常用 GUI 组件构造界面外观以及相应的事件处理。

6.5.1 标签

标签是一种用于显示文本或者图片提示信息的控制组件。

1. 标签的构造方法

（1）public JLabel()：创建一个空标签。

（2）public JLabel(String text,int horizontalAlignment)：创建一个指定内容字符串和水平对齐方式的标签。其中，水平对齐方式可取值 SwingConstants.LEFT、SwingConstants.CENTER、SwingConstants.RIGHT。

（3）public JLabel(String text)：创建一个指定文字的标签。

（4）public JLabel(Icon icon)：创建一个指定图标的标签。图标可以利用 ImageIcon 类从图片文件中获取，例如，

```
Icon icon = new ImageIcon("images/Info.jpg");
```

目前 Java 语言支持 GIF 和 JPEG 两种图片格式。

（1）public JLabel(Icon icon,int horizontalAlignment)：创建一个指定图标和水平对齐方式的标签。

（2）public JLabel(String text,Icon icon,int horizontalAlignment)：创建一个指定文本、图标和水平对齐方式的标签。

2. 常用的方法

（1）public void setText(String text)：设置标签上的文本。

（2）public String getText()：获取标签上的文本。

（3）public void setIcon(Icon icon)：设置标签上的图标。

（4）public Icon getIcon()：获取标签上的图标。

3. 对标签的事件处理

标签能产生鼠标、焦点、键盘和组件等事件。但是，由于标签用于显示提示信息，因此，一般不对其进行事件处理。先看一个示例。

【例 6-8】使用标签显示文字。

```
import java.awt.*;
import java.awt.event.*;
import javax.swing.*;
public class TestLabel extends JFrame{
    //定义了两个标签引用作为框架的属性
    private JLabel   jLabel1,jLabel2;
    public static void main(String[] args)   {
        //创建这个扩展框架对象
        TestLabel frame = new TestLabel();
        //pack()方法可以将容器的大小设置为刚好能盛放下其中所容纳的组件
```

```
            frame.pack();
            frame.setVisible(true);
        }
        //构造方法
        public TestLabel()  {
            setTitle("TestLabel");
            jLabel1 = new JLabel("这是一个显示文本的标签");
            jLabel2 = new JLabel(new ImageIcon("info.jpg"));
            getContentPane().setLayout(new FlowLayout());
            getContentPane().add(jLabel1);
            getContentPane().add(jLabel2);
        }
}
```

程序说明：本例中创建了带图片的文本标签：jLabel1 显示文本，jLabel2 显示图标。显示的效果如图 6-11 所示。注意图片的存放位置，要把图片放到项目的工程下。

图 6-11　例 6-8 显示的界面

6.5.2　按钮

按钮（JButton）是一种单击时能够产生动作事件的控制组件，一般用于执行某种操作。

1. 按钮的构造方法

（1）public JButton()，创建一个空按钮。

（2）public JButton(String text)，创建一个标有指定文字的按钮。

（3）public JButton(Icon icon)，创建一个标有指定图标的按钮。

（4）public JButton(String text,Icon icon)，创建一个标有指定文字和图标的按钮。

2. 常用的方法

（1）public void setMnemonic(int mnemonic)：设置按钮的快捷键。例如，setMnemonic('P')，设置按钮的快捷键为 ALT+P。

（2）public void setToolTipText (String text) ：设置按钮的提示信息。

（3）public void setText(String text) ：设置按钮上的文本。

（4）public String getText() ：获取按钮上的文本。

（5）public void setIcon(Icon icon) ：设置按钮上的图标。

（6）public Icon getIcon() ：获取按钮上的图标。

3. 对按钮的事件处理

按钮可以产生多种事件，不过由于按钮一般用于触发某种操作的执行，因此，一般情况下只处理按钮的动作事件 ActionEvent，要处理动作事件需要实现 ActionListener 中的 ActionPerformed()方法。

【例 6-9】使用按钮。

```
import java.awt.*;
import java.awt.event.ActionListener;
import java.awt.event.ActionEvent;
import javax.swing.*;
public class TestButton extends JFrame   implements ActionListener{
    private JButton jButton1;
    private JLabel   jLabel1;
    private int count=0;
    public static void main(String[] args)   {
        TestButton frame = new TestButton();
        frame.pack();
        frame.setVisible(true);
    }
    public TestButton()   {
        setTitle("TestButton");
      //创建一个带有标签文本和图标的按钮
      jButton1=new JButton("Press me",new ImageIcon("button.jpg"));
      //设置按钮的快捷键为“ALT+P”
      jButton1.setMnemonic('P');
      //设置按钮的提示信息为“Press me”
      jButton1.setToolTipText("Press me");
      jLabel1 = new JLabel("按钮点击了  0  次");
        getContentPane().setLayout(new FlowLayout());
        getContentPane().add(jButton1);
        getContentPane().add(jLabel1);
     //为按钮注册动作事件的事件监听器
        jButton1.addActionListener(this);
    }
    //事件处理方法
    public void actionPerformed(ActionEvent e)   {
      count++;
      jLabel1.setText("按钮点击了  "+count+"  次");
    }
}
```

程序说明：本例中，在框架 TestButton 上添加了一个按钮 jButton1 和一个标签 jLabel1，按钮上同时显示了图标和文本。当单击按钮时，在标签上显示按钮被单击的次数。在程序中为按钮设置了快捷键“P”，通过组合键<ALT+P>可以得到与单击按钮相同的效果，另外，还为按钮设置了提示信息“Press me”，当鼠标指针移动到按钮上时就会显示这个提示信息。本例的运行效果如图 6-12 所示。

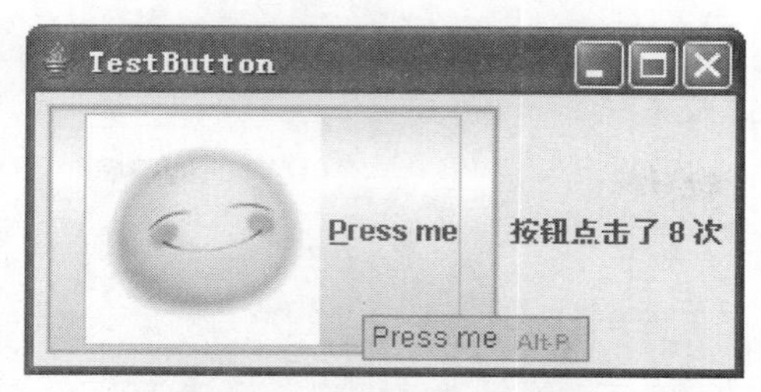

图 6-12 例 6-9 显示的界面

6.5.3 文本框

文本框（JTextField）是一种用于显示、输入或者编辑单行文本的控制组件。

1. 文本框的构造方法

（1）public JTextField()：创建一个空文本框。

（2）public JTextField(int columns)：创建一个指定列数的空文本框。

（3）public JTextField(String text)：用指定初始文字创建一个文本框。

（4）public JTextField(String text,int columns)：创建一个文本框，并用指定文字和列数初始化。

2. 常用的方法

（1）public String getText()：获取文本框中的文本。

（2）public void setText(String text)：将给定字符串写入文本框中。

（3）public void setEditable(boolean editable)：设置文本框的可编辑属性，true 为可编辑，false 为不可编辑，默认为 true。

（4）public void setColumns(int col)：设置文本框的列数，文本框的长度可变。

3. 对文本框的事件处理

JTextField 能产生 ActionEvent 及其他组件事件。在文本域按<Enter>键引发 ActionEvent。但由于文本框一般用于文本的输入和编辑，因此，不对其进行事件处理。

【例 6-10】使用文本框。

```
import java.awt.*;
import javax.swing.*;
import java.awt.event.*;
public class TestTextField extends JFrame implements ActionListener{
        JTextField jtfNumber1,jtfNumber2 ,jtfResult;
        JLabel jlbAdd;
        JButton jbtEquals;
        public TestTextField(String title)    {
              super(title);
              Container    cp = this.getContentPane();
              cp.setLayout(new FlowLayout());
              //构造一个宽度为 5 个字符的文本框，并将其添加到内容窗格中
              cp.add(jtfNumber1=new JTextField(5));
              cp.add(jlbAdd = new JLabel(" + "));
              cp.add(jtfNumber2=new JTextField(5));
              cp.add(jbtEquals = new JButton(" = "));
```

```
            cp.add(jtfResult =new JTextField(5));
            //设置 jtfResult 文本框为不可编辑的
            jtfResult.setEditable(false);
            jbtEquals.addActionListener(this);
        }
        public static void main(String[] args){
            TestTextField frame = new TestTextField("计算器");
            frame.setSize(300,100);
            frame.setDefaultCloseOperation(JFrame.EXIT_ON_CLOSE);
            frame.setVisible(true);
        }
        public void actionPerformed(ActionEvent e){
            double n1 = 0,n2 = 0;
            //将文本框 jtfNumber1 和 jtfNumber2 的文本转换成 double 型数据
            n1 = Double.parseDouble(jtfNumber1.getText());
            n2 = Double.parseDouble(jtfNumber2.getText());
            //将计算结果转换为文本显示到 jtfResult 文本框上
            jtfResult.setText(String.valueOf(n1+n2));
        }
    }
```

程序说明：本例中，在框架 TestTextField 上添加了 3 个文本框，分别用于输入两个数字和显示运算结果，另外，还有一个按钮用于执行计算功能，以及一个标签用于显示加号。当单击按钮时，通过 getText()方法获取前 2 个文本框中的文本，并转换为数字，然后将相加后的结果通过 setText()方法显示到第 3 个文本框中。为了防止用户更改结果，程序通过 setEditable(false)方法将显示结果的文本框设置为不可编辑的。本例的运行效果如图 6-13 所示。

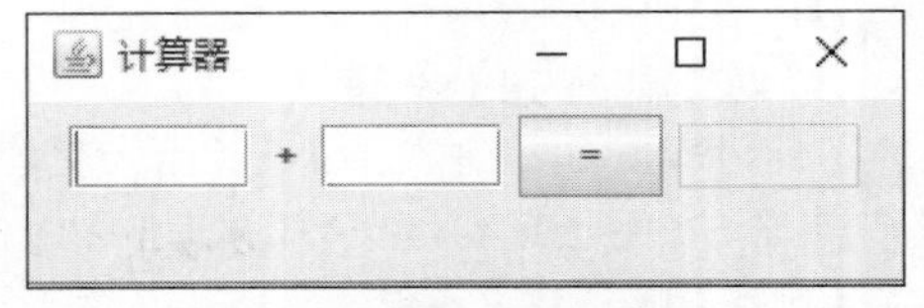

图 6-13　例 6-10 显示的界面

6.5.4　文本区

文本框（JTextField）只能处理单行文本，如果要处理多行文本，就需要文本区（JTextArea），它是一种能够处理多行文本的控制组件。

1. 文本区的构造方法

（1）public JTextArea()：创建一个空的文本区。

（2）public JTextArea(int rows, int columns)：创建一个指定行数和列数的文本区。

（3）public JTextArea(String s, int rows, int columns)：创建一个指定文本、行数和列数的文本区。

2. 常用的方法

（1）public String getText()：获取文本区中的文本。

（2）public void setText(String text)：将给定字符串写入文本区中。

（3）public void setEditable(boolean editable)：设置文本区的可编辑属性，true 为可编辑，false 为不可编辑，默认为 true。

（4）public void setColumns(int col)：设置文本区的列数。

（5）public void setRows(int rows)：设置文本区的行数。

（6）public int getRows()：获取文本区的行数。

（7）public void insert(String s,int pos)：将字符串 s 插入文本区 pos 指定的位置。

（8）public void append(String s)：将字符串 s 添加到文本的末尾。

（9）public void replaceRange(String s,int start,int end)：用字符串 s 替换文本中从位置 start 到 end 的文字。

3. 对文本区的事件处理

文本区能够产生多种事件。但由于文本区一般用于文本的输入和编辑，因此，通常情况下不对其进行事件处理。

【例 6-11】使用文本区。

```
import java.awt.*;
import java.awt.event.*;
import javax.swing.*;
import javax.swing.event.*;
public class TestTextArea extends JFrame {
    //构造方法，完成初始化
    public TestTextArea()   {
        //创建 4 个文本区
        JTextArea jta0 = new JTextArea("文本区 1",10,10);
        JTextArea jta1 = new JTextArea("文本区 2",10,10);
        JTextArea jta2 = new JTextArea("文本区 3",10,10);
        JTextArea jta3 = new JTextArea("文本区 4",10,10);
        //为文本区添加滚动条
        JScrollPane jsp1 = new JScrollPane(jta1);
        JScrollPane jsp2 = new JScrollPane(jta2,
        JScrollPane.VERTICAL_SCROLLBAR_AS_NEEDED,
        JScrollPane.HORIZONTAL_SCROLLBAR_ALWAYS);
        JScrollPane jsp3 = new JScrollPane(jta3,
        JScrollPane.VERTICAL_SCROLLBAR_ALWAYS,
        JScrollPane.HORIZONTAL_SCROLLBAR_AS_NEEDED);
        getContentPane().setLayout(new FlowLayout());
        getContentPane().add(jta0);
        getContentPane().add(jsp1);
        getContentPane().add(jsp2);
        getContentPane().add(jsp3);
    }
    public static void main(String[] args)    {
        TestTextArea frame = new TestTextArea();
        frame.setTitle("TestTextArea");
        frame.pack();
        frame.setDefaultCloseOperation(3);
        frame.setVisible(true);
    }
```

```
}
```

本例的运行效果如图 6-14 所示。

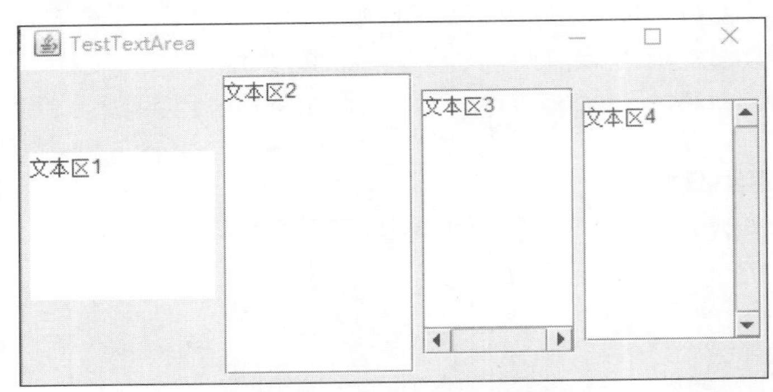

图 6-14　例 6-11 的运行效果

程序说明：在本例中，在框架 TestTextArea 上添加了 4 个文本区，由于文本区本身没有滚动条，所以，当在第一个文本区中输入的文本超出文本区的范围时，没有滚动条产生。如果希望为文本区添加滚动条，则可以借助于滚动窗格（JScrollPane），滚动窗格自身带有两个滚动条：水平和垂直滚动条，只要将文本区添加到 JScrollPane 中，滚动窗格就会自动为文本区添加滚动条，如本例中所示，滚动条也可以在构造 JScrollPane 时指定如何添加。

6.5.5　面板

在实际应用中，一个图形界面可能包含很多个组件，如果将这些组件全部放在一个容器中，往往达不到预期的效果，因为一个容器中的布局方式只能有一种，为了实现复杂的界面，可以借助于面板（JPanel），它是一种透明的容器组件，能够容纳其他组件，也能添加到其他容器中，其本身也可以相互嵌套。通过这样一种可嵌套的透明容器，就可以将构成界面的 GUI 组件进行分组，每个组使用一种布局方式，这样就能够构成复杂的用户界面了。下面通过一个实例来看面板的用法。

【例 6-12】使用面板。

```
import java.awt.*;
import java.awt.event.*;
import javax.swing.*;
public class TestPanel extends JFrame{
    //文本框用于显示数字
    JTextField   tf;
    //面板 p 用于盛放键盘
    JPanel   p=new JPanel();
    //定义一个按钮数组，用于引用键盘上的 16 个按钮
    JButton   b[]=new JButton[16];
    //构造方法，完成界面初始化
    public TestPanel(){
        //设置框架标题
        setTitle("计算器");
        //设置框架的默认大小为 180 像素宽，180 像素高
        setSize(180,180);
```

```
        //创建文本框，用于显示数字，并将其添加到内容窗格的北区
        tf=new JTextField(20);
        getContentPane().add(tf,BorderLayout.NORTH);
        //构造键盘上 16 个按钮的标签文本。
        String name[]={"1","2","3","+",//第 1 行
                       "4","5","6","-",//第 2 行
                       "7","8","9","*",//第 3 行
                       "0",".","=","/",//第 2 行
                       };
        //设置用于盛放键盘的面板的布局为 4 行 4 列的 GridLayout 布局
        p.setLayout(new GridLayout(4,4));
        //根据按钮标签创建 16 个按钮，并将其顺序添加到面板 p 上
        for(int i=0;i<name.length;i++){
            b[i]=new JButton(name[i]);
            p.add(b[i]);
        }
        //将面板添加到内容窗格的中区
        getContentPane().add(p,BorderLayout.CENTER);
        //显示框架
        setVisible(true);
    }
    public static void main (String[] args){
        TestPanel frame = new TestPanel();
    }
}
```

程序运行后显示的界面如图 6-15 所示。

程序说明：图 6-15 所示的是一个计算器图形界面，很明显按钮之间是 GridLayout 布局，而文本框与按钮之间不是这种布局，要实现这样的界面，可以先将文本框添加到内容窗格的北区，再将所有的按钮添加到一个面板上，构成一组，这个面板采用 GridLayout 布局，然后将这个面板添加到内容窗格的中区。这样就实现了预期的计算器界面了。通过这个实例可以看到，面板的使用很简单，创建面板可以使用无参的构造方法 JPanel()，例如，

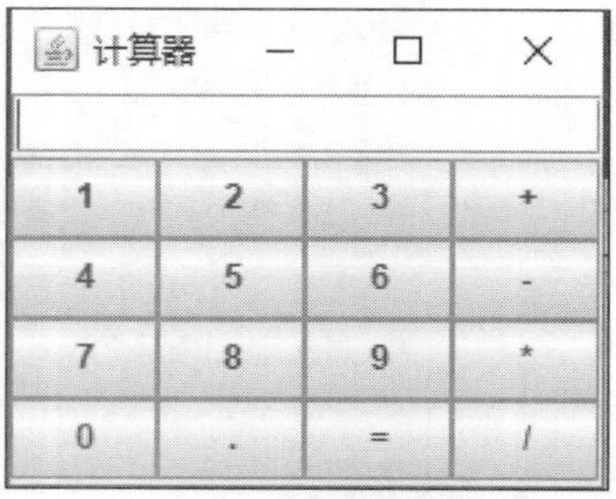

图 6-15　计算器界面

```
JPanel p = new JPanel();
```

向其中添加组件的方法是 add()方法，例如，

```
p.add(new JButton("Ok"));
```

设置布局的方法是 setLayout()，例如，

```
p.setLayout(new BorderLayout());
```

注意

JPanel 的默认布局是 FlowLayout，而之前所说的 JFrame 上的内容窗格的默认布局是 BorderLayout。

6.5.6 单选按钮

单选按钮（JRadioButton）是可以让用户从一组选项中只选择一个选项的控制组件。

1. 单选按钮的构造方法

（1）JRadioButton()：创建空的单选按钮，默认未选中。

（2）JRadioButton(String text)：创建指定文本标签的单选按钮，默认未选中。

（3）JRadioButton(String text, boolean selected)：创建指定文本标签和选择状态的单选按钮。

（4）JRadioButton(Icon icon)：创建指定图标的单选按钮，默认未选中。

（5）JRadioButton(Icon icon, boolean selected)：创建指定图标和选择状态的单选按钮，默认未选中。

（6）JRadioButton(String text, Icon icon)：创建指定文本标签和图标的单选按钮，默认未选中。

（7）JRadioButton(String text, Icon icon, boolean selected)：创建指定文本标签和图标的单选按钮，并指定选择状态。

2. 常用的方法

单选按钮具备所有按钮的构造方法，另外，它还有一个经常使用的方法，如下。

public boolean isSelected()：获取单选按钮的选择状态。

3. 对单选按钮的事件处理

单选按钮可以产生 ActionEvent 和 ItemEvent。ActionEvent 的处理方式与按钮的 ActionEvent 事件处理方式基本一致。从本节的示例中可以看到，当单选按钮的选择状态发生改变时，会触发 ItemEvent，负责监听的接口是 ItemListener，在事件发生时会调用 itemStateChanged()方法进行处理。

【例 6-13】使用单选按钮。

```
import java.awt.*;
import java.awt.event.*;
import javax.swing.*;
public class TestRadioButton extends JFrame implements ItemListener{
    //创建 3 个单选按钮
    private JRadioButton rb1 = new JRadioButton("lelt",false);
    private JRadioButton rb2 = new JRadioButton("center",false);
    private JRadioButton rb3 = new JRadioButton("right",false);
    //创建一个按钮组，用于实现单选按钮之间的互斥
    private ButtonGroup group = new ButtonGroup();
    private JTextField jtf = new JTextField("Hello");
    //构造方法
    public TestRadioButton(){
        setTitle("单选按钮");
        JPanel p1 = new JPanel();
        p1.setLayout(new FlowLayout(FlowLayout.CENTER,20,10));
        //将 3 个单选按钮添加到面板 p1 上
        p1.add(rb1);
        p1.add(rb2);
        p1.add(rb3);
        //将 3 个单选按钮添加到按钮组 group 中，实现 3 个按钮之间的互斥
```

```
            group.add(rb1);
            group.add(rb2);
            group.add(rb3);
            //将面板 p1 和文本框 jtf 分别添加到内容窗格的相应区域
            getContentPane().add(p1,BorderLayout.CENTER);
            getContentPane().add(jtf,BorderLayout.NORTH);
            //为 3 个单选按钮注册 ItemEvent 的监听器
            rb1.addItemListener(this);
            rb2.addItemListener(this);
            rb3.addItemListener(this);
        }
        //事件处理方法，在产生 ItemEvent 时调用
        public void itemStateChanged(ItemEvent e){
            //判断事件源是否是单选按钮
            if(e.getSource() instanceof JRadioButton){
                //判断哪个单选按钮处于选中状态，如果选中，则设置文本框的相应对齐方式
                if(rb1.isSelected())
                    jtf.setHorizontalAlignment(JTextField.LEFT);
                if(rb2.isSelected())
                    jtf.setHorizontalAlignment(JTextField.CENTER);
                if(rb3.isSelected())
                    jtf.setHorizontalAlignment(JTextField.RIGHT);
            }
        }
        public static void main(String[] args)    {
            TestRadioButton frame = new TestRadioButton();
            frame.setSize(250,100);
            frame.setDefaultCloseOperation(3);
            frame.setVisible(true);
        }
    }
```

程序运行后显示的界面如图 6-16 所示。

程序说明：本例中显示了 3 个单选按钮，选择其中某一个按钮能够使文本框中文本的对齐方式与选择的单选按钮对应改变。从本例中可以看到，要实现单选功能，单纯依靠单选按钮还不够，还需要按钮组（ButtonGroup），只有加到一组内的单选按钮才能实现单选的效果。

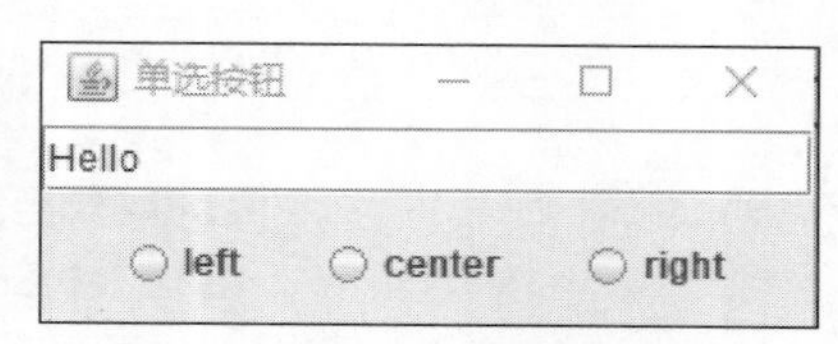

图 6-16　例 6-13 显示的界面

6.5.7　复选框

与单选按钮不同，复选框（JCheckBox）是一种用户能够打开或者关闭选项的控制组件。

【例 6-14】使用复选框。

```
import java.awt.*;
```

```
import java.awt.event.*;
import javax.swing.*;
public class TestCheckBox extends JFrame implements ItemListener {
	//定义两个复选框
	private JCheckBox jchkBold, jchkItalic;
	private JTextField jtf = new JTextField("welcome");
	public static void main(String[] args){
		TestCheckBox frame = new TestCheckBox();
		frame.setDefaultCloseOperation(JFrame.EXIT_ON_CLOSE);
		frame.setSize(200,100);
		frame.setVisible(true);
	}
	//构造方法
	public TestCheckBox(){
		setTitle("复选框");
		JPanel p = new JPanel();
		p.setLayout(new FlowLayout());
		//创建两个复选框，并添加到面板 p 上
		p.add(jchkBold = new JCheckBox("Bold"));
		p.add(jchkItalic = new JCheckBox("ITALIC"));
		//在内容窗格中添加文本框和包含两个复选框的面板
		getContentPane().add(jtf, BorderLayout.NORTH);
		getContentPane().add(p, BorderLayout.CENTER);
		//为复选框注册 ItemEvent 的监听器
		jchkBold.addItemListener(this);
		jchkItalic.addItemListener(this);
	}
	//事件处理方法，在产生 ItemEvent 时调用
	public  void itemStateChanged(ItemEvent e){
		if (e.getSource() instanceof JCheckBox) {
			int selectedStyle = 0;
			//判断复选框是否处于选中状态
			if (jchkBold.isSelected())
			   selectedStyle = selectedStyle+Font.BOLD;
			if (jchkItalic.isSelected())
			   selectedStyle = selectedStyle+Font.ITALIC;
			//为文本框设置字体，“Serif”表示字体名字，selectedStyle 为字体风格
			//字体风格有 Font.BOLD（加粗）和 Font.ITALIC（斜体），20 表示字体大小。
			jtf.setFont(new Font("Serif", selectedStyle, 20));
		}
	}
}
```

程序运行后显示的界面如图 6-17 所示。

程序说明：本例中显示了两个复选框，选择其中某一个能够改变文本框中文本的字体风格。从本例中可以看到，复选框与单选按钮在使用上非常相似，唯一不同的是单选按钮在一组中只能选择一个，而复选框没有组的限制，可以多选。

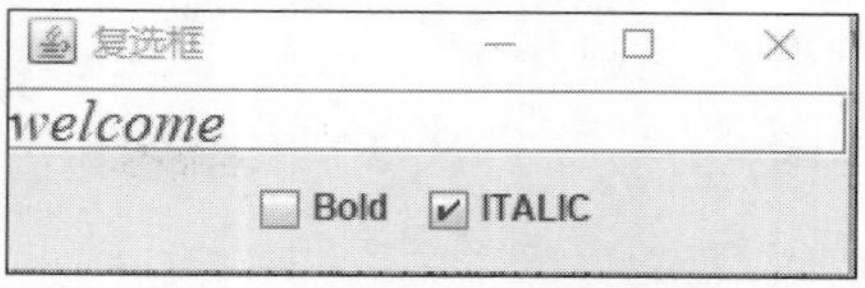

图 6-17　例 6-14 显示的界面

6.6 鼠标事件

在所有 GUI 组件上进行鼠标操作都会产生鼠标事件（MouseEvent），MouseEvent 对应的监听接口有两个：MouseListener 和 MouseMotionListener。其中，MouseListener 负责监听和处理由鼠标按下（Press）、释放（Release）、单击（Click）、进入（Enter）和离开（Exit）5 种动作所触发的鼠标事件；MouseMotionListener 负责监听和处理由鼠标移动（Move）和拖动（Drag）两种动作所触发的鼠标事件。在 MouseListener 中有 5 个事件处理方法，如下。

（1）public void mousePressed(MouseEvent e)：负责处理鼠标按下动作。

（2）public void mouseReleased(MouseEvent e)：负责处理鼠标释放动作。

（3）public void mouseClicked(MouseEvent e)：负责处理鼠标单击动作。

（4）public void mouseEntered(MouseEvent e)：负责处理鼠标进入组件区域动作。

（5）public void mouseExited(MouseEvent e)：负责处理鼠标移出组件区域动作。

另外，在这些事件处理方法中，可以通过接收到的 MouseEvent 对象的一些方法得到关于鼠标事件的信息。

（1）public int getX()：获取发生鼠标事件的 x 坐标。

（2）public int getY()：获取发生鼠标事件的 y 坐标。

下面，通过一个实例来介绍 MouseListener。

【例 6-15】测试鼠标事件。

```
import java.awt.*;
import java.awt.event.*;
import javax.swing.*;
//主框架类，同时实现了 MouseListener
public class TestMouseEvent1 extends JFrame implements MouseListener{
        JPanel mp=new JPanel();
        JTextField jtf = new JTextField();
        public TestMouseEvent1()    {
              setTitle("鼠标事件");
              getContentPane().add(jtf,BorderLayout.NORTH);
              getContentPane().add(mp,BorderLayout.CENTER);
              //为面板注册鼠标事件监听器
              mp.addMouseListener(this);
        }
        public static void main(String[] args)     {
              TestMouseEvent1 frame = new TestMouseEvent1();
              frame.setSize(200,200);
              frame.setVisible(true);
        }
```

```
    //鼠标事件处理方法，在鼠标按下时调用
    public void mousePressed(MouseEvent e) {
        int x = e.getX();
        int y = e.getY();
        String s = "鼠标在坐标"+"("+x+","+y+")"+"处按下";
        jtf.setText(s);
    }
    //鼠标事件处理方法，在鼠标释放时调用
    public void mouseReleased(MouseEvent e)     {
        int x = e.getX();
        int y = e.getY();
        String s = "鼠标在坐标"+"("+x+","+y+")"+"处释放";
        jtf.setText(s);
    }
    //鼠标事件处理方法，在鼠标单击时调用
    public void mouseClicked(MouseEvent e)  {
        int x = e.getX();
        int y = e.getY();
        String s = "鼠标在坐标"+"("+x+","+y+")"+"处点击";
        jtf.setText(s);

    }
    //鼠标事件处理方法，在鼠标进入组件区域时调用
    public void mouseEntered(MouseEvent e) {
        int x = e.getX();
        int y = e.getY();
        String s = "鼠标在坐标"+"("+x+","+y+")"+"处进入";
        jtf.setText(s);

    }
    //鼠标事件处理方法，在鼠标离开组件区域时调用
    public void mouseExited(MouseEvent e)   {
        int x = e.getX();
        int y = e.getY();
        String s = "鼠标在坐标"+"("+x+","+y+")"+"处离开";
        jtf.setText(s);
    }
}
```

程序运行后显示界面如图 6-18 所示。

程序说明：本例中，在框架上添加了一个空白的面板和一个文本框，程序监听并处理面板的鼠标事件，当鼠标在面板上操作时，在文本框中显示鼠标事件信息。

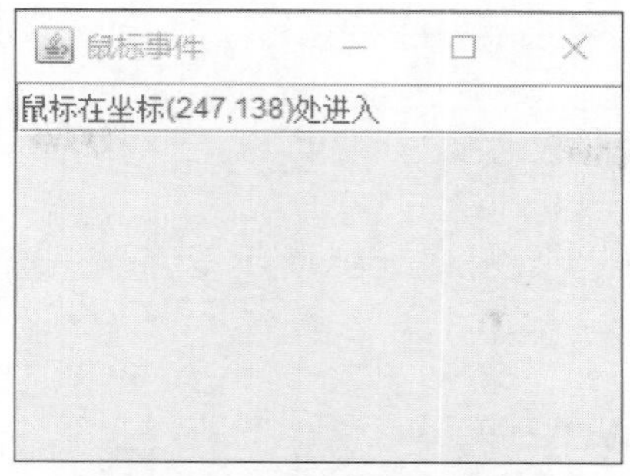

图 6-18　例 6-15 显示的图形界面

6.7 键盘事件

与鼠标事件类似，在所有 GUI 组件上进行键盘操作时都会产生键盘事件（KeyEvent），KeyEvent 对应的监听接口是 KeyListener，它负责监听和处理由键盘按下（Press）、释放（Release）和敲击（Type）3 种动作所触发的键盘事件。

在 KeyListener 中有 3 个事件处理方法，如下。

（1）public void keyPressed(KeyEvent e)：负责处理键盘按下动作。

（2）public void keyReleased(keyEvent e)：负责处理键盘释放动作。

（3）public void keyTyped(KeyEvent e)：负责处理键盘敲击动作，即键盘按下并释放。

另外，在这些事件处理方法中，通过接收到的 KeyEvent 对象的一些方法可以得到关于键盘事件的信息。

（1）public char getKeyChar()：获取按键的字符。这个方法只能得到键盘上的可见字符，即一些字母、数字和符号。

（2）public int getKeyCode()：获取按键的键盘码，在键盘上每一个键都有一个特定的整型编码，这些整型编码都以常量的形式定义在 KeyEvent 中。例如，<Home>键的键盘码是 KeyEvent.VK_HOME，详细情况请查阅 JDK 文档。

（3）public String getKeyText(int keyCode)：根据键盘码获取对应的键描述。

注意

getKeyCode()方法只能在键被按下时获取到键盘编码，如果键已经被释放，就获取不到了，因此，getKeyCode()方法只能在处理键盘按下动作时使用。

下面通过一个实例来介绍如何处理键盘事件。

【例 6-16】测试键盘事件。

```
import java.awt.*;
import java.awt.event.*;
import javax.swing.*;
public class KeyEventDemo extends JFrame{
        private KeyboardPanel keyboardPanel = new KeyboardPanel();
        public KeyEventDemo(){
                add( keyboardPanel);
                 keyboardPanel.setFocusable(true);
        }
        public static void main(String[] args){
```

```
            KeyEventDemo frame = new KeyEventDemo();
            frame.setTitle( "KeyEventDemo");
            frame.setSize(300,300);
            frame.setLocationRelativeTo( null);
            frame.setDefaultCloseOperation(JFrame. EXIT_ON_CLOSE);
            frame.setVisible( true);
        }
        static class KeyboardPanel extends JPanel{
            private int x = 100;
            private int y = 100;
            private char KeyChar = 'A' ;

            public KeyboardPanel(){
                addKeyListener( new KeyAdapter(){
                    public void keyPressed(KeyEvent e){
                        switch(e.getKeyCode()){
                        case KeyEvent.VK_DOWN: y += 10;break;
                        case KeyEvent.VK_UP: y -= 10; break;
                        case KeyEvent.VK_LEFT: x -= 10; break;
                        case KeyEvent.VK_RIGHT: x += 10; break;
                        default: KeyChar = e.getKeyChar();
                        }
                        repaint();
                    }
                });
            }

            protected void paintComponent(Graphics g){
                super.paintComponent(g);

                g.setFont( new Font("TimesRoman" ,Font.PLAIN,24));
                g.drawString(String. valueOf(KeyChar), x, y);
            }
        }
}
```

程序运行后显示界面如图 6-19 所示。

程序说明： 本例中，在框架上添加一个面板，在面板上调用drawString()方法绘制了一个字符“A”，为面板添加键盘监听事件，在键盘按下事件的方法中，实现了通过方向键控制字符上下左右进行移动。

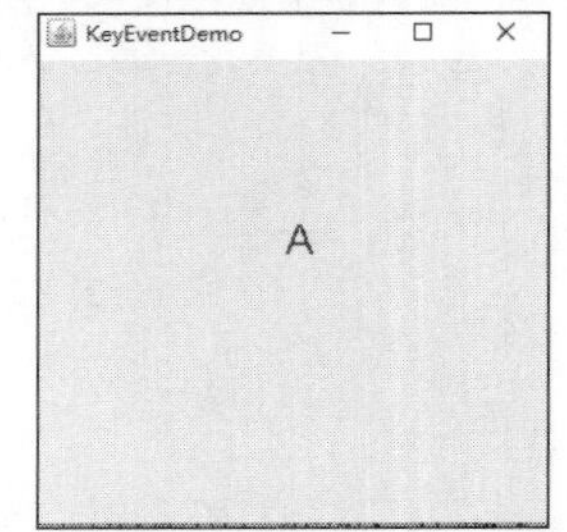

图 6-19　例 6-16 显示的图形界面

6.8 本章小结

本章介绍了 Java 图形用户界面的编写思路，介绍了常用的 GUI 组件，包括容器组件和控制组件，重点介绍了 Java 的事件处理模型，最后介绍了菜单和对话框组件。

6.9 本章习题

（1）实现一个图形化用户界面，在框架上依次摆放 4 个按钮：按钮 1、按钮 2、按钮 3 和按钮 4，在单击按钮时可以在控制台上显示哪个按钮被单击。

（2）编写一个图形界面应用程序，其中包含一个文本框 JTextField。在文本框中输入内容并按<Enter>键后弹出一个 JOptionPane 消息对话框，对话框的显示内容为文本框中的内容。

（3）利用面板（JPanel）设计图 6-20 所示的版面的容器结构，在窗口中放置 5 个按钮，5 个按钮的摆放位置要求如图 6-20 所示。

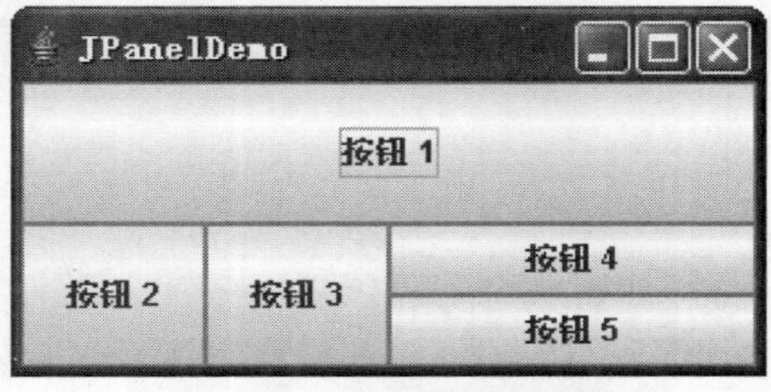

图 6-20　程序界面效果图

第 7 章 泛　型

07

内容导学

泛型（Generics）是自 JDK 5.0 开始引入的一种 Java 语言的新特性，其实质是将原本确定不变的数据类型参数化，作为对原有 Java 语言类型体系的扩充，使用泛型可以提高 Java 应用程序的类型安全、可维护性和可靠性。泛型在 Java 语言中有很重要的地位，在面向对象编程及各种设计模式中有非常广泛的应用。Java 语言的集合框架大量使用了泛型，理解泛型对 Java 集合框架的学习具有重要意义。泛型允许编译器实施由开发者设定的附加类型约束，将类型检查从运行时移到编译时进行，这样类型错误可以在编译时暴露出来，而不是在运行时才出现，这有助于早期错误检查，提高程序的可靠性，同时可以减少强制类型转换的编码量。

学习目标

① 理解泛型的概念，掌握和使用泛型类、泛型接口及泛型方法。
② 掌握泛型中的通配符使用方法。
③ 能够使用泛型编写程序，解决实际应用问题。

泛型，即“参数化类型”。一提到参数，最熟悉的就是定义方法时有形参，然后调用此方法时传递实参。那么，参数化类型怎么理解呢？顾名思义，参数化类型就是将原来的具体的类型参数化，类似于方法中的变量参数，此时类型也定义成参数形式（可以称之为类型形参），然后在使用/调用时传入具体的类型（类型实参）。

泛型的本质是为了参数化类型（在不创建新的类型的情况下，通过泛型指定的不同类型来控制形参具体限制的类型）。也就是说，在泛型使用过程中，操作的数据类型被指定为一个参数，这种参数类型可以用在类、接口和方法中，分别被称为泛型类、泛型接口和泛型方法。

7.1 泛型的动机及 Java 语言集合中的泛型

7.1.1 泛型的动机

泛型是指参数化类型的能力。我们可以定义带泛型类型的类或方法，随后编译器会用具体的类型来替换它，先来看一个例子。

```
import java.util.Date;
interface Comparabale {
    public int compareTo(Object o);
}
public class TestGeneric1 {
    public static void main(String[] args) {
        Comparable c = new Date();
```

```
            System.out.println(c.compareTo("red"));
        }
}
```

运行上面的程序会报如下错误。

```
Exception in thread "main" java.lang.ClassCastException: java.lang.string cannot be
        at java.util.Data.compareTo(Unknow Source)
        at advance.chap07.TestGeneric.main(TestGeneric.java:12)
```

在上面的例子中，把 Comparable 接口赋值为 Date 对象，由于没有限制 Comparable 接口的类型，因此，在运行时出现类型转换异常，错误提示显示不能把字符串类型转换为 Date 类型。修改上述代码，如下。

```
public class TestGeneric {
    public interface Comparabale {
        public int compareTo(Object o);
    }

    public static void main(String[] args) {
        Comparable<Date> c = new Date();
        System.out.println(c.compareTo("red")); //编译错误
    }
}
```

把类型定义改为 Comparable<Date> c，其中 Comparable <Date>就是泛型，表示 Comparable 接口只能接收 Date 类型，现在赋值为字符串类型，则在编译阶段会报错。泛型类型在编译的时候检测到错误，它的优点如下。

（1）将“类型错误”的检查从“运行阶段”提前到了“编译阶段”。

（2）简化了过程，无须显式地进行强制类型转换。

由上例可以看出，泛型允许编译器实施由开发者设定的附加类型约束，将类型检查从“运行时”移到“编译时”进行，这样类型错误可以在“编译时”暴露出来，而不是在“运行时”才出现，这非常有助于早期错误检查，提高了程序的可靠性，同时可以减少强制类型转换的编码量。

7.1.2 Java 语言集合中的泛型

Java 语言中的集合可以添加任何类型的对象，集合中所有的元素均当作对象类型来处理，当从集合中取出元素时，必须进行强制类型转换。而使用泛型可以在创建集合时指定其允许保存的元素类型，然后由编译器负责检查添加元素的类型合法性，当从集合中取出元素时，就不需要强制类型转换了。

【例 7-1】集合中不使用泛型实例。

```
import java.util.ArrayList;
public class TestCollecitonGeneric {
    public static void main(String[] args) {
        ArrayList list=new ArrayList();
        list.add(123);
        list.add("456");
        list.add(789);
        for(Object o:list) {
```

```
            //编译可以通过，运行时报错
            System.out.println((String)o);
        }

    }

}
```

程序运行结果如下。

```
Exception in thread "main" java.lang.ClassCastException: java.lang.Integer cannot be cast to java.lang.String at advance.chap07.TestCollecitonGeneric.main(TestCollecitonGeneric.java:14)
```

程序说明：本例未使用泛型，集合中可以存储任意类型元素，编译时无问题，但运行时会抛出异常。在集合中存放多个不同类型对象时，容易出现转型错误。

【例 7-2】修改例 7-1，集合中使用泛型实例。

```
import java.util.ArrayList;

public class TestCollecitonGeneric2 {

    public static void main(String[] args) {
        ArrayList<String> list=new ArrayList<String>();
        list.add("123");
        list.add("456");
        list.add("789");
        for(String o:list) {
            System.out.println(o);
        }

    }

}
```

程序运行结果如下。

```
123
456
789
```

程序说明：当使用泛型时，集合中只能存储指定类型的元素，类型错误在编译阶段就被检查出来了，从集合中获取元素时，不再需要强制类型转换。JDK 1.4 中集合在使用上的问题如下。

（1）集合中的 add()方法接收的是一个对象的参数，在获取集合中的对象时，必须进行类型转换操作。

（2）类型转换操作可能出现问题，一般在程序运行时才能发现，发现问题比较困难。

解决以上问题的方法如下。

（1）在对象放入集合前，对其进行限制。

（2）在获取集合中的对象时，不用进行类型转换操作。

（3）当有不同类型的对象添加到集合中时，编译时就能检查出错误。

Java 集合框架中的泛型包括泛型类、泛型方法和泛型接口。

泛型类：ArrayList，HashSet，HashMap 等。

泛型方法：Collections.binarySearch，Arrays.sort 等。

泛型接口：List，Iterator 等。

【例 7-3】集合框架中泛型类、泛型接口及泛型方法的使用实例。

```
import java.util.ArrayList;
import java.util.Collections;
import java.util.Iterator;
import java.util.List;

public class TestCollecitonGeneric3 {

    public static void main(String[] args) {
        List<String> list=new ArrayList<String>();
        list.add("Friday");
        list.add("Saturday");
        list.add("Monday");
        list.add("Tuesday");
        list.add("Wednesday");
        list.add("Thursday");
        list.add("Sunday");
        //Iterator 接口支持泛型
        Iterator<String> iter=list.iterator();
        System.out.println("使用迭代器输出：" );
        while(iter.hasNext()) {
            System.out.print(iter.next()+"    ");
        }
        System.out.println("原始的顺序：" + list);
        Collections.shuffle(list);
        System.out.println("打乱后顺序：" + list);
        Collections.sort(list);
        System.out.println("进行排序后：" + list);
        System.out.println("二分查找：" + Collections.binarySearch(list, "Sunday"));
        System.out.println("二分查找：" + Collections.binarySearch(list, "aaa"));
    }

}
```

程序运行结果如下。

```
使用迭代器输出：
Friday  Saturday  Monday  Tuesday  Wednesday  Thursday  Sunday  原始的顺序：
[Friday, Saturday, Monday, Tuesday, Wednesday, Thursday, Sunday]
打乱后顺序：[Friday, Wednesday, Thursday, Monday, Saturday, Tuesday, Sunday]
进行排序后：[Friday, Monday, Saturday, Sunday, Thursday, Tuesday, Wednesday]
二分查找：3
```

```
二分查找：-8
```

程序说明：程序定义了一个 List<String>泛型接口，直接使用 ArrayList 新建一个 list 对象，并向其添加 7 个字符串元素，然后把 list 转换为迭代器 Iterator<String>进行输出，再使用 shuffle()方法打乱一次顺序后，使用 Collections.sort(list)方法进行排序，最后使用 Collections.binarySearch(list, "Sunday")方法进行二分查找。二分查找必须在有序条件下才能进行，否则会出错。查询不到时会返回一个负数。

Java 语言中的泛型是向后兼容的，也就是说，以前不采用泛型的应用程序仍然可以正确运行，只不过在编译时会出现编译提示，此时可以采用注解来关闭编译提示或警告信息。

7.2 泛型类

泛型类是指具有泛型变量的类，在类名后用<T>代表引入类型，多个字母表示多个引入类型，如<T, U>等。引入类型可以修饰成员变量/局部变量/参数/返回值，没有专门的 template 关键字。无论泛型的表示形式是否相同，泛型实际上是产生了一个新的数据类型，不同数据类型之间不存在继承的关系。

【例 7-4】本例代码定义了一个泛型类，演示了泛型类的定义及使用。

```
class   Gen<T>{
        T value;

        public T getValue() {   //泛型方法 getKey 的返回值类型为 T，T 的类型由外部指定
                return value;
        }

        public void setValue(T value) {
                this.value = value;
        }

        public Gen(T value) {
                this.value = value;   //泛型构造方法形参 value 的类型也为 T，T 的类型由外部指定
        }

}
public class TestGenericClass {

        public static void main(String[] args) {
                Gen<Integer> gen=new Gen<Integer>(new Integer(100));
                gen.setValue("123");   //编译错误，需传入一个 Integer 类型的对象
                Integer obj=gen.getValue();
                System.out.println(gen.getValue());

        }

}
```

注释编译错误那行代码后程序运行结果如下。

```
100
```

程序说明：本例声明了一个参数 T，在类中将所有 Object 类型的声明用 T 代替，将类型用参数表示，创建对象时给 T 传递实参 Integer，这里不再需要强制类型转换，类型错误在编译阶段就被检查出来了。本例中的 T 可以写为任意标识，常见的如 T、E、K、V 等形式的参数常用于表示泛型。在实例化泛型类时，必须指定 T 的具体类型。泛型的类型参数只能是类类型（包括自定义类），不能是简单类型，下面看几个例子。

（1）传入的实参类型须与泛型的类型参数类型相同，即为 Integer。

```
Generic<Integer> genericInteger = new Generic<Integer>(123456);
```

（2）传入的实参类型须与泛型的类型参数类型相同，即为 String。

```
Generic<String> genericString = new Generic<String>("key_vlaue");
```

定义的泛型类，就一定要传入泛型类型实参吗？并不是这样，在使用泛型时，如果传入泛型实参，则会根据传入的泛型实参进行相应的限制，此时泛型才会起到本应起到的限制作用。如果不传入泛型实参，在泛型类中使用泛型的方法或成员变量定义的类型可以为任何类型。例如，在例 7-4 的主方法中加入如下代码。

```
Gen gen1=new Gen("1111");
Gen gen2=new Gen(444);
Gen gen3=new Gen(55.55);
Gen gen4=new Gen(false);
System.out.println("gen1="+gen1.getValue()+"\ngen2="+gen2.getValue()+"\ngen3="+gen
3.getValue()+"\ngen4="+gen4.getValue());
```

则输出如下结果。

```
gen1=1111
gen2=444
gen3=55.55
gen4=false
```

不能对确切的泛型类型使用 instanceof 操作。下面的操作是非法的，编译时会出错。

```
if(ex_num instanceof Generic<Number>){}
```

7.3 泛型接口

泛型接口与泛型类的定义及使用基本相同，在接口名后加<T>，T 用来指定方法返回值和参数，实现接口时，指定类型，泛型接口常被用在各种类的生产器中。

```
//定义一个泛型接口
public interface GenericIntercace<T> {
        T getData();
}
```

实现泛型接口的类，分为以下两种方式。

第一种方式为泛型接口实现类——泛型类实现方式，这种方式没有传入泛型实参，在声明类的时候，需将泛型的声明一起加到类中。例如，上面接口的实现类可以定义为如下方式。

```
public class ImplGenericInterface1<T>implements GenericIntercace<T>{}
```

如果不声明泛型，如 class ImplGenericInterface1 implements GenericIntercace<T>{}，编译器会报错："T cannot be resoveld to a type"。

第二种方式为泛型接口实现类——指定具体类型实现方式，是当实现泛型接口的类传入泛型实参时，定义一个生产器实现这个接口，虽然只创建了一个泛型接口 GenericIntercace<T>，但是可以为 T 传入无数个参数，形成无数个参数的 GenericIntercace 接口。在类实现泛型接口时，如已将泛型类型传入实参类型，则所有使用泛型的地方都要替换成传入的实参类型，即 GenericIntercace<T>，T getData();中的 T 都要替换成传入的类型。例如，上面接口的实现类可以定义为如下方式。

```
public class ImplGenericInterface2 implements GenericIntercace<String>{}
```

【例 7-5】本例代码先定义了一个泛型接口，然后使用泛型类实现方式和指定具体类型实现方式定义该泛型接口的两个实现类。该示例演示了泛型接口及其实现类的定义及使用方法。

```
package advance.chap07;
public class TestGenericInterface {
    public static void main(String[] args) {
        ImplGenericInterface1<String> implGenericInterface1 = new ImplGenericInterface1<>();
        implGenericInterface1.setData("Generic Interface1");
        System.out.println(implGenericInterface1.getData());
        ImplGenericInterface2 implGenericInterface2 = new ImplGenericInterface2();
        System.out.println(implGenericInterface2.getData());
    }

}

/**
 * Description: 定义一个泛型接口
 */
interface GenericIntercace<T> {
    T getData();
}

/**
 * Description: 泛型接口实现类——泛型类实现方式
 */
class ImplGenericInterface1<T> implements GenericIntercace<T> {
    private T data;

    public void setData(T data) {
        this.data = data;
    }

    @Override
    public T getData() {
        return data;
    }

}
/**
 * Description: 泛型接口实现类——指定具体类型实现方式
```

```
*/
class ImplGenericInterface2 implements GenericIntercace<String> {
    @Override
    public String getData() {
        return "Generic Interface2";
    }

}
```

程序运行结果如下。

```
Generic Interface1
Generic Interface2
```

程序说明：泛型接口的实现类有两种方式，一种是把类声明成泛型类，在未传入泛型实参时，与泛型类的定义相同，在声明类时，须将泛型的声明也一起加到类中；另一种是如果泛型接口传入类型参数，实现该泛型接口的实现类，则所有使用泛型的地方都要替换成传入的实参类型。

7.4 泛型通配符

我们知道 Ingeter 是 Number 的一个子类，Generic<Ingeter>与 Generic<Number>实际上是相同的类型。那么，在使用 Generic<Number>作为形参的方法中，能否使用 Generic<Ingeter>的实例传入呢？在逻辑上类似于 Generic<Number>和 Generic<Ingeter>是否可以看成具有父子关系的泛型类型呢？为了理解这个问题，我们看下面的例子。

【例 7-6】泛型通配符的定义与使用，在 showkeyValue 方法中不使用通配符的情况。

```
class Generic<T>{
    T t;
    public Generic(T t) {
        this.t = t;
    }

    public T getT() {
        return t;
    }

    public void setT(T t) {
        this.t = t;
    }
}
public class TestGenericWidecard {
    public static void showKeyValue(Generic<Number> obj){
          System.out.println("泛型测试"+"key value is " + obj.getT());
    }
    public static void main(String[] args) {
        Generic<Integer> gInteger = new Generic<Integer>(123);
        Generic<Number> gNumber = new Generic<Number>(456);
```

```
            showKeyValue(gNumber);
             showKeyValue(gInteger);
            // showKeyValue 这个方法编译器会为我们报错：Generic<java.lang.Integer>
            // cannot be applied to Generic<java.lang.Number>
        }
}
```

通过错误提示信息我们可以看到 Generic<Integer>不能作为 Generic<Number>的子类。由此可以看出，同一种泛型可以对应多个版本（因为参数类型是不确定的），不同版本的泛型类实例是不兼容的。

如何解决上面的问题？定义一个新的方法来处理 Generic<Integer>类型的类显然与 Java 语言中的多态理念相违背。因此，我们需要一个在逻辑上可以同时表示 Generic<Integer>和 Generic <Number>父类的引用类型。类型通配符应运而生。

【例 7-7】使用通配符修改例 7-6 中的 showKeyValue 方法。

```
class Generic<T>{
        T t;
        public Generic(T t) {
            this.t = t;
        }

        public T getT() {
            return t;
        }

        public void setT(T t) {
            this.t = t;
        }
}
public class TestGenericWidecard {
        public static void showKeyValue(Generic<Number> obj){
            System.out.println("泛型测试"+"key value is " + obj.getT());
        }
        public static void showKeyValue1(Generic<?> obj){
            System.out.println("泛型测试"+"key value is " + obj.getT());
        }
        public static void main(String[] args) {
            Generic<Integer> gInteger = new Generic<Integer>(123);
            Generic<Number> gNumber = new Generic<Number>(456);
            showKeyValue(gNumber);
             showKeyValue1(gInteger);
        }
}
```

程序运行结果如下。

```
泛型测试 key value is 456
泛型测试 key value is 123
```

程序说明：

（1）类型通配符一般使用“?”代替具体的类型实参，注意此处“?”是类型实参，而不是类型形参。此处的“?”和 Number、String、Integer 一样都是一种实际的类型，可以把“?”看成所有类型的父类，是一种真实的类型。

（2）类型通配符可以解决当类型不确定时，使用通配符来替代未知类型的问题。

【例 7-8】类型通配符上限的使用实例。类型通配符上限通过形如 List<? extends Number>来定义，本例定义了通配符泛型值接受的 Number 及其下层子类类型。

```
import java.util.*;
public class TestGenericWidecard2 {

    public static void main(String[] args) {
        List<String> name = new ArrayList<String>();
        List<Integer> age = new ArrayList<Integer>();
        List<Number> number = new ArrayList<Number>();
        System.out.println("?可接受任意类型");
        name.add("icon");
        age.add(18);
        number.add(314);
        getData(name);
        getData(age);
        getData( number);
        System.out.println("? extends Number 表示只接受 Number 的子类");
       // getUperNumber(name);//1
        getUperNumber(age);//2
        getUperNumber(number);//3


    }

    public static void getData(List<?> data) {
        System.out.println("data :" + data.get(0));
    }

    public static void getUperNumber(List<? extends Number> data) {
        System.out.println("data :" + data.get(0));
    }
}
```

程序运行结果如下。

```
?可接受任意类型
data :icon
data :18
data :314
? extends Number 表示只接受 Number 的子类
data :18
```

```
data :314
```

程序说明：

（1）在“//1”处会出现错误，因为 getUperNumber()方法中的参数已经限定了参数泛型上限为 Number，泛型为 String 不在这个范围之内，所以会报错。

（2）类型通配符下限通过形如 List<? super Number>来定义，表示类型只能接受 Number 及其 3 层父类类型，如 Object 类型的实例。

（3）在使用泛型时，还可以对传入的泛型类型实参进行上下边界的限制，例如，类型实参只准传入某种类型的父类或某种类型的子类。为泛型添加上边界，即传入的类型实参必须是指定类型的子类型等。

7.5 泛型方法

前面介绍的泛型是作用于整个类的，现在来介绍泛型方法。泛型方法既可以存在于泛型类中，又可以存在于普通的类中。如果使用泛型方法就可以解决问题，那么应该尽量使用泛型方法。泛型方法是指具有泛型参数的方法，该方法可用在普通类或者泛型类中。泛型方法在调用时可以接受不同类型的参数。根据传递给泛型方法的参数类型，编译器适当地处理每一个方法调用。下面是定义泛型方法的规则。

（1）所有泛型方法声明都有一个类型参数声明部分（由尖括号分隔），该类型参数声明部分在修饰符之后、方法返回类型之前。例如，下列语句声明了一个泛型方法。

```
public static < E > void printArray( E[] inputArray )
```

（2）每一个类型参数声明部分包含一个或多个类型参数，参数间用逗号隔开。一个泛型参数，也被称为一个类型变量，是用于指定一个泛型类型名称的标识符的。

（3）类型参数能被用来声明返回值类型，并且能作为泛型方法得到的实际参数类型的占位符。

（4）泛型方法体的声明和其他方法一样。注意：类型参数只能代表引用型类型，不能是原始类型，如 int、double、char 等。

泛型方法使用规则如下。

（1）public 与返回值中间的<T>非常重要，可以理解为声明此方法为泛型方法。

（2）只有声明了<T>的方法才是泛型方法，泛型类中使用的泛型的成员方法并不是泛型方法。

（3）<T>表明该方法将使用泛型类型 T，此时才可以在方法中使用泛型类型 T。

（4）与泛型类的定义一样，此处 T 可以随便写为任意标识，常见的如 T、E、K、V 等形式的参数常用于表示泛型。

看下面的代码，Generic 类是个泛型类，虽然在方法中使用了泛型，但是这并不是一个泛型方法，只是类中一个普通的成员方法，只不过它的返回值是在声明泛型类时已经声明过的泛型，所以在这个方法中才可以继续使用 T 这个泛型。

```
public class Generic<T> {
        private T key;
        public Generic(T key) {
              this.key = key;
        }
        public T getKey() {
              return key;
        }
}
```

在上面代码的类中添加如下方法，编译器会提示这样的错误信息“E cannot reslove symbol”，因为在类的声明中并未声明泛型 E，所以在使用 E 作为形参和返回值类型时，编译器无法识别。

```
public E setKey(E key){
    this.key = keu
}
```

下面这个方法才是一个真正的泛型方法。首先在 public 与返回值之间的<T>必不可少，这表明这是一个泛型方法，并且声明了一个泛型 T。

```
public <T> T showKeyName(Generic<T> container) {
    System.out.println("container key :" + container.getKey());
    T test = container.getKey();
    return test;
}
```

T 可以出现在这个泛型方法的任意位置，泛型的数量也可以有任意多个，例如，

```
public <T,K> K showKeyName(Generic <T> container){ ... }
```

【例 7-9】泛型方法定义及使用实例。

```
class ArrayUtil {
    public static <T> T getMiddle(T... a) {
        return a[a.length / 2];
    }
}

public class TestGenericMethod {
    public static void main(String[] args) {
        String s1 = ArrayUtil.<String>getMiddle("abc", "def", "ghi");
        Integer i1 = ArrayUtil.getMiddle(1, 2, 3);
        System.out.println("s1="+s1+"     i1="+i1);
        //1 null is ok
        String s2 = ArrayUtil.<String>getMiddle("abc", "def", null);
        // error,寻找共同超类，再转型
        //2 Integer i2 = ArrayUtil.getMiddle(1, 2.5f, 3l);
        System.out.println("s2="+s2);
    }
}
```

程序运行结果如下。

```
s1=def     i1=2
s2=def
```

程序说明：本例在 ArrayUtil 类中定义了一个泛型方法<T> T getMiddle(T... a)，在调用泛型方法时可以传入泛型参数，也可以不传入。本例中 2 处语句会报错，getMiddle()方法的参数有整型和浮点型，它会把整型转成浮点型然后赋值给 Integer 类型，这样由高精度向低精度转换就会报错。

【例 7-10】下面的例子演示了如何使用泛型方法打印不同字符串的元素。

```
public class GenericMethodTest {
    // 泛型方法 printArray
    public static <E> void printArray(E[] inputArray) {
        // 输出数组元素
```

```
        for (E element : inputArray) {
            System.out.printf("%s ", element);
        }
        System.out.println();
    }

    public static void main(String args[]) {
        // 创建不同类型的数组：Integer, Double 和 Character
        Integer[] intArray = { 1, 2, 3, 4, 5 };
        Double[] doubleArray = { 1.1, 2.2, 3.3, 4.4 };
        Character[] charArray = { 'H', 'E', 'L', 'L', 'O' };

        System.out.println("整型数组元素为:");
        printArray(intArray); // 传递一个整型数组

        System.out.println("\n 双精度型数组元素为:");
        printArray(doubleArray); // 传递一个双精度型数组

        System.out.println("\n 字符型数组元素为:");
        printArray(charArray); // 传递一个字符型数组
    }
}
```

程序运行结果如下。

```
整型数组元素为:
1 2 3 4 5
双精度型数组元素为:
1.1 2.2 3.3 4.4
字符型数组元素为:
H E L L O
```

程序说明：本例定义了一个泛型方法<E> void printArray(E[] inputArray)，该方法的功能为打印一个不定长数组元素，在主方法中声明了 3 个数组，分别是整型、双精度和字符型，然后调用泛型方法打印 3 个数组。

【例 7-11】泛型类中的一般方法与泛型方法应用实例。

```
class Fruit {
    @Override
    public String toString() {
        return "fruit";
    }
}

class Apple extends Fruit {
    @Override
    public String toString() {
```

```
            return "apple";
        }
}

class Person {
        @Override
        public String toString() {
            return "Person";
        }
}

class GenerateTest<T> {
        public void show_1(T t) {
            System.out.println(t.toString());
        }

        public <T> void show_2(T t) {
            System.out.println(t.toString());
        }

        public <E> void show_3(E t) {
            System.out.println(t.toString());
        }
}

public class GenericFruit {
        public static void main(String[] args) {
            Apple apple = new Apple();
            Person person = new Person();
            GenerateTest<Fruit> generateTest = new GenerateTest<Fruit>();
            // apple 是 Fruit 的子类，所以这里可以作为 show_1 方法的参数
            generateTest.show_1(apple);
            // generateTest.show_1(person);

            // 使用这两个方法都可以成功
            generateTest.show_2(apple);
            generateTest.show_2(person);

            // 使用这两个方法也都可以成功
            generateTest.show_3(apple);
            generateTest.show_3(person);
        }
}
```

public void show_1(T t)是类中的普通方法，在泛型类中声明了一个泛型方法 public <T> void show_2(T t)，注意，这个 T 是一种全新的类型，可以与泛型类中声明的 T 不是同一种类型。

编译器会报错，因为泛型类型实参指定的是 Fruit，而传入的实参类是 Person。

```
//generateTest.show_1(person);
```

在泛型类中声明了一个泛型方法，泛型 E 可以为任意类型，类型可以与 T 相同，也可以不同。由于泛型方法在声明的时候会声明泛型<E>，因此，即使在泛型类中并未声明泛型，编译器也能够正确识别泛型方法中识别的泛型。

静态方法无法访问类上定义的泛型，如果静态方法操作的引用数据类型不确定，则必须要将泛型定义在方法上；如果静态方法要使用泛型，必须将静态方法也定义成泛型方法。

【例 7-12】静态泛型方法使用实例。

```
public class StaticGenerator<T> {
    /**
    下列方法声明合法
    */
    public T show1(T t) {
        return t;
    }
    /**
     * 下列静态方法定义错误，即使静态方法要使用泛型类中已经声明过的泛型也不可以
     */
    public static void show(T t) { }
    /**
     * 如果在类中定义使用泛型的静态方法，需要添加额外的泛型
     * 声明（将这个方法定义成泛型方法）
     */
    public static<T>void show(T t){

    }
}
```

7.6 本章小结

本章主要介绍泛型的相关概念，包括泛型存在的意义、泛型类、泛型接口、泛型方法的定义与用法，以及泛型中的通配符类型的用法。

7.7 本章习题

（1）分析下列程序中“? ”的含义，说明方法参数中“? ”可以换成其他类型吗？这样用的好处是什么？

```
public void showKeyValue1(Generic<?> obj){
    Log.d("泛型测试","key value is " + obj.getKey());
}
```

（2）已知 GeneralStack<E>接口定义如下所示。

```
interface GeneralStack<E>{
    E push(E item);//如 item 为 null，则不入栈直接返回 null
    E pop();//出栈，如栈为空，返回 null
    E peek();//获得栈顶元素，如为空，则返回 null
    public Boolean empty();//如为空返回 true
    public int size();//返回栈中元素数量
}
```

结合代码，说明使用泛型的好处。

第 8 章 JDBC 编程

内容导学

现在每一个人的生活几乎都离不开数据库，如果没有数据库，很多事情就会变得非常棘手，也许根本无法做到。银行、大学和图书馆就是几个严重依赖数据库系统的地方，数据库通常都安装在被称为数据库服务器的计算机上。学习 Java 语言的数据库编程，就必须学习 JDBC（Java DataBase Connectivity，Java 数据库连接）技术，因为 JDBC 技术是 Java 语言中被广泛使用的一种操作数据库的技术。JDBC 是一套基于 Java 技术的数据库编程接口，它由一些操作数据库的 Java 类和接口组成。用 JDBC 编写访问数据库的程序，可以实现应用程序与数据库的无关性，即设计人员不用关心系统使用的是什么数据库管理系统，只要数据库厂商提供了该数据库的 JDBC 驱动程序，就可以在任何一种数据库系统中使用。本章介绍 JDBC 的概念、工作原理和在 Java 程序中访问数据库的方法。

学习目标

① 理解 JDBC 的概念，掌握使用 JDBC 访问数据库的过程。
②了解 JDBC API 中定义的主要接口的功能。
③ 学会使用 JDBC 访问数据库。

8.1 JDBC 概述

8.1.1 什么是 JDBC

JDBC 提供了在程序中直接访问数据库的功能，是一种用于数据库访问的应用程序接口。JDBC 由一组用 Java 语言编写的类和接口组成，有了 JDBC 就可以用统一的语法对多种关系数据库进行访问，而不用担心其数据库操作语言的差异。通过 JDBC 提供的方法，用户能够以一致的方式连接多种不同的数据库系统，而不必再为每一种数据库系统编写不同的 Java 语言程序代码。JDBC 连接数据库之前必须先装载特定厂商提供的数据库驱动程序（Driver），通过 JDBC 通用的 API 访问数据库。有了 JDBC，就不必为访问 Mysql、Oracle 等数据库专门写程序，如图 8-1 所示。

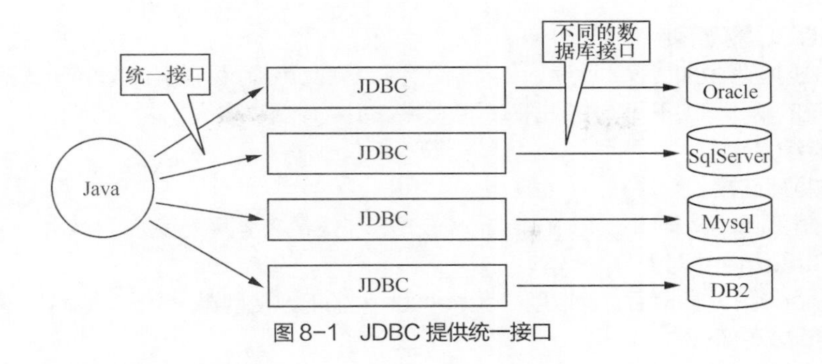

图 8-1　JDBC 提供统一接口

8.1.2　JDBC 的体系结构

JDBC 的结构可划分为两层：一层是面向底层的 JDBC Driver Interface（驱动程序管理器接口），另一层是面向程序员的 JDBC API，如图 8-2 所示。

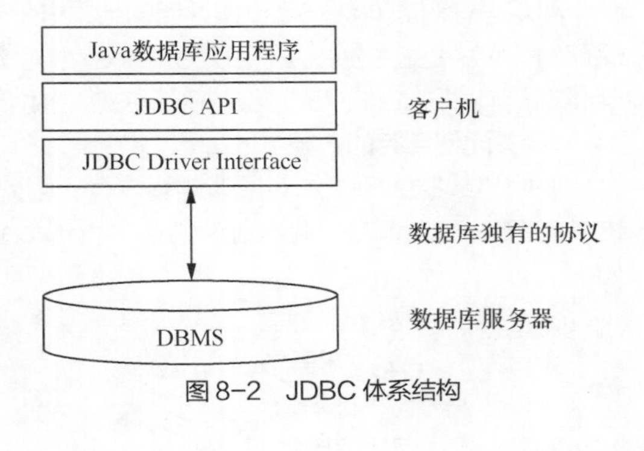

图 8-2　JDBC 体系结构

使用 JDBC 编程，可以使开发人员从复杂的驱动器调用命令和方法中解脱出来，让他们致力于应用程序中的关键地方。JDBC 支持不同的关系数据库，这使程序的可移植性大大加强。JDBC API 是面向对象的，可以让用户把常用的方法封装为一个类，以备后用。但是它也有缺点，一是使用 JDBC，访问数据记录的速度会受到一定程度的影响；二是 JDBC 结构中包含不同厂家的产品，这就给更改数据源带来了很大的麻烦。

8.1.3　JDBC 核心接口与类

JDBC 核心类库包含在 java.sql 包中，主要类如下。

（1）DriverManager：负责管理 JDBC 驱动程序。在使用 JDBC 驱动程序之前，必须先将驱动程序加载并注册后才可以使用，同时提供方法来建立与数据库的连接。

（2）SQLException：有关数据库操作的异常。

主要接口如下。

（1）Connection：特定数据库的连接（会话）。在连接上下文中执行 SQL 语句并返回结果。

（2）PreparedStatement：表示预编译的 SQL 语句的对象。

（3）Statement：用于执行静态 SQL 语句并返回它所生成结果的对象。

（4）ResultSet：表示数据库结果集的数据表，通常通过执行查询数据库的语句生成。

（5）CallableStatement：用于执行 SQL 存储过程的接口。

8.2　创建 JDBC 应用

8.2.1　创建 JDBC 应用程序的步骤

使用 JDBC 查询存储在数据库中的数据包括 7 个基本操作步骤，如下。

1. 载入 JDBC 驱动程序

首先要在应用程序中加载驱动程序 driver，使用 Class.forName()方法加载特定的驱动程序，每种数据库管理系统的驱动程序不同，由数据库厂商提供。

2. 定义连接 URL

3. 建立数据库连接

通过 DriverManager 类的 getConnection()方法获得表示数据库连接的 Connection 类对象。

4. 创建 Statement 对象

获取 Connection 对象以后，可以用 Connection 对象的方法创建一个 Statement 对象的实例。

5. 执行查询或更新

Statement 对象可以执行 SELECT 语句的 executeQuery()方法，可以执行 INSERT、UPDATE、DELETE 语句的 executeUpdate()方法。

6. 结果处理

利用语句对象对数据库操作返回的结果进行处理，ResultSet 包含一些用来从结果集中获取数据并保存到 Java 变量中的方法，主要包括 next()方法：用于移动结果集游标；逐行处理结果集 getString()、getInt()、getDate()、getDouble()等方法，用于将数据库中的数据类型转换为 Java 语言的数据类型。

7. 关闭使用完的对象

使用与数据库相关的对象非常耗内存，因此，在数据库访问后要关闭与数据库的连接，同时还应该关闭 ResultSet、Statement 和 Connection 等对象。可以使用每个对象自己的 close()方法完成，如下。

```
rs.close();//关闭数据集
stmt.close();//关闭语句
con.close();//关闭连接
```

下面介绍访问数据库主要步骤的实现过程。

1. 数据库驱动程序

目前比较常见的 JDBC 驱动程序可分为以下 4 个种类。

（1）JDBC-ODBC 桥加上 ODBC（开放数据库连接）驱动程序

这种类型的驱动程序把 JDBC API 调用转换成 ODBC API 调用，然后 ODBC API 调用针对供应商的 ODBC 驱动程序来访问数据库，即 JDBC- ODBC 桥通过 ODBC 来存储数据源。

（2）本地 API

这种类型的驱动程序把客户机 API 上的 JDBC 调用转换为 Oracle、Sybase、Informix、DB2 或其他 DBMS（数据库管理系统）的调用。这种驱动方式将数据库厂商的特殊协议转换成 Java 代码及二进制类码，使 Java 数据库客户方与数据库服务器方通信。

（3）JDBC 网络纯 Java 驱动程序

这种驱动程序将 JDBC 转换为与 DBMS 无关的网络协议，之后这种协议又被某个服务器转换为一种 DBMS 协议。服务器中间件能够将它的纯 Java 客户机连接到多种不同的数据库上。数据库客户以标准网络协议（如 HTTP、SHTTP）同数据库访问服务器通信，数据库访问服务器翻译标准网络协议，使之成为数据库厂商的专有特殊数据库访问协议与数据库通信。

（4）本地协议纯 Java 驱动程序

这种类型的驱动程序将 JDBC 调用直接转换为 DBMS 所使用的网络协议。这将允许从客户端机器上直接调用 DBMS 服务器。这种方式也是纯 Java 驱动程序。数据库厂商提供了特殊的 JDBC 协议使 Java 数据库客户与数据库服务器通信。这种驱动程序直接把 JDBC 调用转换为符合相关数据库系统规范的请求。由于前面提到的使用 4 型驱动连接数据库的应用可以直接和数据库服务器通信，这种类型的驱动完全由 Java 实现，因此，实现了平台独立性。4 种类型的数据库驱动程序如图 8-3 所示。

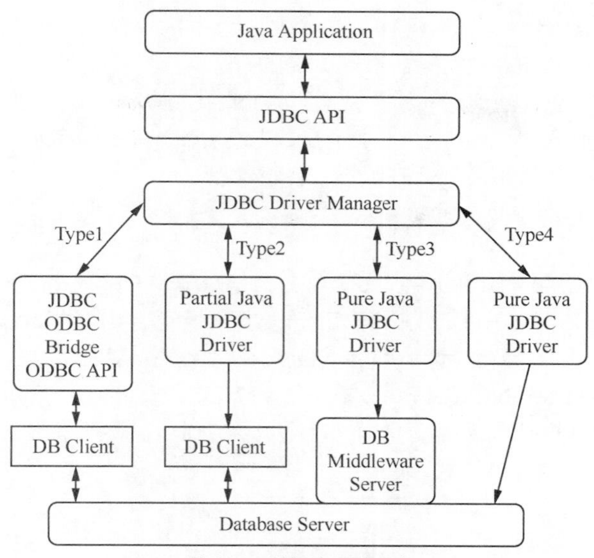

图 8-3 数据库驱动程序

通常程序开发中多采用第四种方式，这种驱动程序不需要先把 JDBC 的调用传给 ODBC 或本地数据库接口或中间层服务器，所以它的执行效率是非常高的。各数据库厂商均提供对 JDBC 的支持，即提供数据库连接使用的驱动程序文件。我们需要为数据库应用程序加载正确驱动程序文件以获得数据库连接，并实施操作。

MySQL 数据库的 JDBC 驱动程序文件为“mysql-connector-java-8.0.22.jar”。Java 语言中的 Class 类提供了加载驱动程序的方法：

```
public static Class forName(String className) throws ClassNotFoundException
```

参数 className 表示类的描述符的字符串。例如，加载 MySQL 驱动程序的语句描述符为：

```
//1.加载驱动
Class.forName("com.mysql.jdbc.Driver");
```

注意

加载驱动程序时会抛出 ClassNotFoundException 的 SQLException 异常。

2. 建立与数据库的连接

DriverManager 类提供 getConnection()方法用于获得指定数据库的连接对象：

```
public static Connection getConnection (String url, String userName, String password) throws SQLException
```

MySQL 数据库的 url 格式为：

```
jdbc:mysql://[host:port],[host:port].../[database][?参数名 1][=参数值 1][&参数名 2][=参数值 2]...
```

（1）定义连接 url

```
String url = " jdbc:mysql://localhost:3306/eshop?useUnicode=true&amp;characterEncoding=UTF-8";
```

（2）获取数据库连接

```
Connection conn = DriverManager.getConnection(url,"root","root");
```

3. 获得 Statement 对象

Connection 接口中提供可获得 Statement 对象的方法：

```
Statement createStatement() throws SQLException
```

可调用重载的 createStatement()方法指定参数，设置数据库操作结果的相关属性。例如，获得 Statement 对象（用来执行 SQL 语句，并返回结果）：

```
Statement st = conn.createStatement();
```

4. 执行 SQL 语句

获得可以发送 SQL 命令的 Statement 对象 st，调用对象 st 的 excuteQuery()方法发送 SQL 查询命令，查询 SCOTT 下的表 DEPT，获得所有记录数据，返回结果集对象 rs。查询的主要方法如下。

（1）boolean execute(String sql) throws SQLException。

（2）ResultSet executeQuery(String sql) throws SQLException。

（3）int executeUpdate(String sql) throws SQLException。

5. 操作结果集对象

ResultSet 接口提供可对结果集进行操作的主要方法如下。

（1）移动结果集操作指针：

```
boolean next() throws SQLException
```

（2）指定数据类型，根据传入列的名字获取指定列的值：

```
XXX getXXX(String columnName) throws SQLException
```

（3）指定数据类型，根据传入列的编号获取指定列的值：

```
XXX getXXX(1) throws SQLException
```

SQL 类型与 Java 语言数据类型不同，表 8-1 列出了 SQL 类型与 Java 语言数据类型的对应关系。

表 8-1　SQL 类型与 Java 语言数据类型的对应关系

SQL 类型	Java 类型
CHAR	String
VARCHAR	String
LONGVARCHAR	String
NUMERIC	java.math.BigDecimal
DECIMAL	java.math.BigDecimal
BIT	boolean
TINYINT	byte
SMALLINT	short
INTEGER	int
BIGINT	long
REAL	float
FLOAT	double
DOUBLE	double
BINARY	byte[]
VARBINARY	byte[]
LONGVARBINARY	byte[]
DATE	java.sql.Date
TIME	java.sql.Time
TIMESTAMP	java.sql.Timestamp

6. 关闭操作对象及连接

数据库操作完成后，可调用接口 ResultSet、Statement、Connection 中的关闭方法，立即释放数据库和 JDBC 相关资源。如下所示。

```
void close() throws SQLException
```

关闭顺序如下。

（1）关闭 Resultset 对象 rs。

（2）关闭 Statement 对象 st。

（3）关闭 Connection 对象 con。

8.2.2 JDBC 中主要的类及常用方法

使用 JDBC 编写访问数据库的应用程序，需要经过加载数据库驱动程序、创建连接、创建 Statement 对象、发送 SQL 语句、解析操作结果等步骤，由 JDBC API 中一组类的方法实现，主要的类如下。

1. Class 类

Class 类全称 java.lang.Class，是 Java 语言的一个类。Java 程序运行时会自动创建程序中的每个类的 Class 对象，通过 Class 类的方法，可以得到程序中每个类的信息。

Class 类定义的成员方法如下。

（1）public static Class forName(String className)

该方法的功能是根据给定的字符串参数返回相应的 Class 对象。

下面代码段的功能是加载指定名称（JDBC-ODBC 桥）的驱动程序。

```
Class.forName(sun.jdbc.odbc.JdbcOdbcDriver);
```

（2）public String getName()

该方法返回类名。

```
String str= "This is a String";
System.out.println(str.getClass().getName());
```

2. DriverManager 类

DriverManager（驱动程序管理器）类维护着用户程序与数据库驱动程序之间的连接。它实现驱动程序的装载、创建与数据库系统连接的 Connection 类对象。

DriverManager 类定义的静态成员方法如下。

```
public static Connection getConnection(String url, String user, String password);
```

根据 url(数据库的 JDBC-ODBC 桥名称)、数据库登录的用户名、密码获取一个数据库的连接对象。例如，

```
//创建 Connection 类对象，jdbc:odbc 固定格式，sinfo 是数据源。
DriverManager.getConnection( "jdbc:odbc:sinfo", "", "") ;
```

3. Connection 类

Connection 连接类用于管理指定数据库的连接。

```
Connection con=DriverManager.getConnection ("jdbc:odbc:sinfo", "", "");
```

Connetction 类中重要的成员方法如下。

（1）createStatement：创建 Statement 类的实例。

（2）prepareStatement：创建 PreparedStatement 类的实例。

（3）close：关闭连接。

4. Statement 类

Statement 数据库操作类提供执行数据库操作的方法，如更新、查询数据库记录等。创建 Statement 类对象的方法如下。

```
Statement stmt=con.createStatement();
```

Statement 类中重要的成员方法如下。

（1）executeQuery()

executeQuery 用来执行一个查询语句，参数是一个 String 对象，就是一个 SELECT 语句。它的返回值是 ResultSet 类的对象，查询结果封装在该对象中。例如，

```
stmt.executeQuery( "select * from users where username= '张三' and password= '123' ");
```

（2）executeUpdate()

executeUpdate 用来执行更新操作，参数是一个 String 对象，即一个更新数据表记录的 SQL 语句。使用它可以对表中的记录进行修改、插入和删除等操作。例如，

```
stmt.executeUpdate( "INSERT INTO users(username,password) values( '刘青', 'aaa' ) " );
stmt.executeUpdate( "UPDATE users set password= ' bbb ' where username= '张三' " );
stmt.executeUpdate( "DELETE from users where username= '李四' " );
```

使用它还可以创建和删除数据表及修改数据表结构。例如，

```
stmt.executeUpdate( "create table users(id int IDENTITY(1,1),username varchar(20))" );
stmt.executeUpdate( "drop table user0s" );
stmt.executeUpdate( "alter table users add column type char(1)" );
stmt.executeUpdate( "alter table users drop column type" );
```

（3）close

关闭 Statement 对象。

5. ResultSet 类

ResultSet 结果集类提供对查询结果集进行处理的方法。例如，

```
ResultSet rs=stmt.executeQuery( "select * from users" );
```

ResultSet 对象维持着一个指向表格的行的指针，开始运行时指向表格的起始位置（第一行之前）。ResultSet 类常用的方法如下。

（1）next：光标移到下一条记录，返回一个 boolean 值。

（2）previous：光标移到前一条记录。

（3）getXXX：获取指定类型的字段的值。调用方式为 getXXX("字段名")或 getXXX(int i)。i 值从 1 开始表示第一列的字段。

（4）close：关闭 ResultSet 对象。例如，

```
while(rs.next()){ id=rs.getInt(1);  username=rs.getString( "username" ); }
```

ResultSet 接口提供的 getXXX 方法如表 8-2 所示。

表 8-2 ResultSet 接口提供的 getXXX 方法

方法	Java 返回类型
getASCIIStream	java.io.InputStream
getBigDecimal	java.math.BigDecimal
getBinaryStream	java.io.InputStream
getBoolean	boolean
getByte	byte
getBytes	byte[]
getDate	java.sql.Date
getDouble	double
getFloat	float
getInt	int

续表

方法	Java 返回类型
getLong	long
getObject	Object
getShort	short
getString	java.lang.String
getTime	java.sql.Time
getTimestamp	java.sql.Timestamp
getUnicodeStream	java.io.InputStream of Unicode characters

下面以用户表为例，介绍使用 JDBC 对数据库进行操作的方法，用户表结构如表 8-3 所示。

表 8-3 用户表结构

名称	数据类型	主键	是否为空	说明
ID	number	是		用户编号
NAME	Varchar2(50)			用户名
AGE	varchar2(5)			用户年龄
BIRTH	date			用户生日

【例 8-1】 使用 JDBC 查询数据库表 t_user 的所有数据。

```
import java.sql.Connection;
import java.sql.Date;
import java.sql.DriverManager;
import java.sql.ResultSet;
import java.sql.SQLException;
import java.sql.Statement;
public class jdbcMySQLTest {
    public static void main(String[] args) throws ClassNotFoundException, SQLException {
            //通过查询 t_user 表中的所有数据进行 JDBC 的介绍
            //1.加载 jdbc 驱动
            Class.forName("com.mysql.jdbc.Driver");
            //2.定义连接 url
            String url = "jdbc:mysql://localhost:3306/eshop?useUnicode=true&character
                    Encoding=utf-8 ";
            //3.获取数据库连接
            Connection conn = DriverManager.getConnection(url,"root","root");
            //4.获得 statement 对象（用来执行 sql 语句，并返回结果）
            Statement st = conn.createStatement();
            //5.执行查询或更新
            String sql = "select id,name,age,birth from t_user";
            ResultSet rs = st.executeQuery(sql);
            //6.处理结果(遍历获取查询出来的所有数据)
            while(rs.next()){
                int id = rs.getInt("id");
```

```
                    String name = rs.getString("name");
                    String age = rs.getString("age");
                    Date birth = rs.getDate("birth");
                System.out.println(id+":"+name+":"+age+":"+birth);
            }
            //7.关闭连接(释放资源)
            rs.close();
            st.close();
            conn.close();
    }
}
```

程序运行结果如下。

```
7:zhangsan:23:2015-09-01
8:lisi:24:2015-09-01
9:wangwu:25:2015-09-01
10:wang:23:2015-09-01
```

以上给大家粗略地介绍了 JDBC 中涉及的常用类和接口，每个类和接口包含的方法的介绍不是十分全面，希望大家在后续的学习过程中，能充分地利用 Java API 工具。

通常，无论是对数据进行查询操作，还是进行增、删、改操作，都需要完成打开连接、关闭资源等操作，因此，可以把打开连接和关闭资源封装到一个工具类里。本章后面所有例子对数据访问所用连接都是一样的。例 8-2 中的 DBUtil 类封装了打开连接和关闭资源方法。

【例 8-2】封装打开连接和关闭资源的 DBUtil 类。

```
import   java.sql.Connection;
import   java.sql.DriverManager;
import   java.sql.ResultSet;
import   java.sql.SQLException;
import   java.sql.Statement;
public class DBUtil {
    //该段代码完成加载数据库驱动，整个程序只需要加载一次，所以放在静态块中
    static{
        try {
            Class.forName("com.mysql.jdbc.Driver");
        } catch (ClassNotFoundException e) {
            e.printStackTrace();
        }
    }
    //获取数据库连接方法
    public static Connection getConnection() throws SQLException{
        String url = "jdbc:mysql://localhost:3306/eshop?useUnicode=true&character
                Encoding=utf-8";
        Connection conn = DriverManager.getConnection(url,"root","root");
        return conn;
    }
```

```
        //释放资源
    public static void close(Statement st,Connection conn){
        try{
            if(st != null){
                    try {
                        st.close();
                    } catch (SQLException e) {
                        e.printStackTrace();
                }
            }
        }finally{
            if(conn != null){
                try {
                    conn.close();
                } catch (SQLException e) {
                    e.printStackTrace();
            }
        }
    }
}
public static void close(ResultSet rs, Statement st, Connection conn) {
    try {
        if (rs != null) {
            try {
                rs.close();
            } catch (SQLException e) {
                e.printStackTrace();
            }
        }
    } finally {
        try {
            if (st != null) {
                try {
                    st.close();
                } catch (SQLException e) {
                    e.printStackTrace();
                }
            }
        } finally {
            if (conn != null) {
                try {
                    conn.close();
                } catch (SQLException e) {
```

```
                    e.printStackTrace();
                }
            }
        }
    }
  }
}
```

程序说明：关闭资源会抛出异常，遇到异常程序会意外终止，因此，我们要处理异常。而为了保证在出现异常时关闭资源语句也会被执行，则把它放到 finally 语句中。另外，只有查询操作才需要关闭 ResultSet 资源，增、删、改是不需要关闭 ResultSet 资源的，所以 DBUtil 类中对关闭操作进行了重载。

前面，我们定义了数据库通用处理类 DBUtil，接下来通过一个实例，来看一下这个类应该怎么应用。

【例 8-3】使用 DBUtil 类操作数据库。

```
import   java.sql.Connection;
import   java.sql.Date;
import   java.sql.DriverManager;
import   java.sql.ResultSet;
import   java.sql.SQLException;
import   java.sql.Statement;
import   java.sql.Time;
import   java.sql.Timestamp;
import   java.text.SimpleDateFormat;
public class UserDao {
    //查询 t_user 表中所有数据
    public static void query() throws ClassNotFoundException, SQLException{
        Connection conn = null;
        Statement st = null;
        ResultSet rs = null;
        try{
            conn = DBUtil.getConnection();//直接调用 DBUtil 类的获取数据库连接方法
            String sql = "select id,name,age,birth from t_user";
            st = conn.createStatement();
            rs = st.executeQuery(sql);
            while(rs.next()){
                String id = rs.getString(1);
                String name = rs.getString(2);
                int age = rs.getInt(3);
                Timestamp ts= rs.getTimestamp("birth");
                //对 ts 进行格式化
                SimpleDateFormat sdf = new SimpleDateFormat("yyyy 年 MM 月 dd 日
                HH:mm:ss");
                String birth = sdf.format(ts);
                System.out.println(id + " $ " + name + " $ " + age + " $ " + birth);
```

```
            }
        }finally{
            DBUtil.close(rs, st, conn); //调用 DBUtil 方法释放资源。
        }
    }
    //在 main()方法中调用查询操作。
    public static void main(String[] args) throws ClassNotFoundException, SQLException {
        query();
    }
}
```

运行结果如下。

```
调用 query()方法输出结果：
7 $ zhangsan $ 23 $ 2015 年 09 月 01 日  15:15:06
8 $ lisi $ 24 $ 2015 年 09 月 01 日  15:15:23
9 $ wangwu $ 25 $ 2015 年 09 月 01 日  15:15:52
10 $ hello1 $ 500 $ 2015 年 09 月 01 日  15:16:03
```

8.2.3 SQL 注入问题

在使用 Statement 对象查询数据库时，由于定义的 SQL 语句是拼接的，有可能出现 SQL 注入问题。SQL 注入，就是把 SQL 命令插入查询字符串，最终达到欺骗服务器执行恶意的 SQL 命令的目的。接下来，通过一段代码来演示 SQL 注入案例。

【例 8-4】登录功能 SQL 注入示例。

```
import  java.sql.Connection;
import  java.sql.PreparedStatement;
import  java.sql.ResultSet;
import  java.sql.SQLException;
import  java.sql.Statement;
public class SqlInject {
    public static void login (String name,String pwd) throws SQLException{
        Connection conn = null;
        Statement st = null;
        ResultSet rs = null;
        try{
            conn = DBUtil.getConnection();
            st = conn.createStatement();
            String sql = "SELECT * FROM t_user WHERE NAME='"+name+"' AND
            PWD='"+pwd+"'";
            rs = st.executeQuery(sql);
            if(rs.next()){
                System.out.println("登录成功");
            }else{
                System.out.println("登录失败");
```

```
                }
            }finally{
                DBUtil.close(rs, st, conn);
            }
        }
        public static void main(String[] args) throws SQLException {
            login("123123", "sadfsdf ' or '1=1"); //注入 SQL
        }
}
```

程序说明：如果例 8-4 中传入的密码为 sadfsdf ' or '1=1，则不管用户名和密码是否正确，都能成功登录，因为“1=1”永远为真，与其他条件进行 or 操作，也永远为真，所以不管用户名和密码是否正确，都能成功登录，这就是 SQL 注入问题。

8.3 PreparedStatement 接口

PreparedStatement 接口表示预编译的 SQL 语句的对象，为解决 Statement 静态拼接所产生的 SQL 注入问题引入了 PreparedStatement 接口。PreparedStatement 接口是 Statement 接口的子接口，允许使用不同的参数多次执行同样的 SQL 语句。Connection 接口提供创建 PreparedStatement 接口对象的方法，可指定 SQL 语句：

```
PreparedStatement prepareStatement(String sql) throws SQLException
```

PreparedStatement 接口继承了 Statement 接口，但 PreparedStatement 语句中包含了警告预编译的 SQL 语句，因此，可以获得更高的执行效率。虽然使用 Statement 可以对数据库进行操作，但它只适用于简单的 SQL 语句。如果需要执行带参数的 SQL 语句，必须利用 PreparedStatement 接口对象。PreparedStatement 接口用于执行带或不带输入参数的预编译的 SQL 语句，语句中可以包含多个用“？”代表的字段，在程序中可以利用 setXXX 方法设置该字段的内容，从而增强程序设计的动态性。例如，在案例中要查询编号为 1 的人员信息，可用以下代码段：

```
ps=con. PreparedStatement("select  id,name from person where id=?");
ps.setInt(1,1);
```

接着当我们要查询编号为 2 的人员信息时，仅需用以下代码：

```
ps.setInt(1,2);
```

PreparedStatement 对象同 Statement 一样提供了很多基本的数据库操作方法，下面列出了执行 SQL 命令的 3 种方法。

（1）ResultSet executeQuery()，可以执行 SQL 查询并获取 ResultSet 对象。

（2）int executeUpdate()，可以执行 Update /Insert/Delete 操作，返回值是执行该操作所影响的行数。

（3）boolean execute()，这是一个最为一般的执行方法，可以执行任意 SQL 语句，获得一个布尔值，表示是否返回 ResultSet。

【例 8-5】使用 PreparedStatement 解决例 8-4 中登录功能的 SQL 注入问题。

```
import  java.sql.Connection;
import  java.sql.PreparedStatement;
import  java.sql.ResultSet;
import  java.sql.SQLException;
import  java.sql.Statement;
```

```
public class SqlInject2 {
    public static void login(String name, String pwd) throws SQLException{
        Connection conn = null;
        PreparedStatement ps = null;
        ResultSet rs = null;
        try{
            conn = DBUtil.getConnection();
            String sql = "SELECT * FROM t_user WHERE NAME=? AND PWD=?";
            ps = conn.prepareStatement(sql);
            //设置参数
            ps.setString(1, name);
            ps.setString(2, pwd);
            rs = ps.executeQuery();
            if(rs.next()){
                System.out.println("登录成功..");
            }else{
                System.out.println("登录失败..");
            }
            }finally{
                DBUtil.close(rs, ps, conn);
            }
        }
    public static void main(String[] args) throws SQLException {
        login("123123", "sadfsdf ' or '1=1);   //解决 SQL 注入问题
    }
}
```

程序说明：采用以上方式，使用和例 8-4 中相同的密码，但不能成功登录，因此解决了 SQL 注入问题。PreparedStatement 的参数化的查询可以阻止大部分的 SQL 注入。在使用参数化查询的情况下，数据库系统不会将参数的内容视为 SQL 指令的一部分来处理，而是在数据库完成 SQL 指令的编译后，才套用参数运行。因此，就算参数中含有破坏性的指令，也不会被数据库所运行。

PreparedStatement 接口 setXXX 方法如表 8-4 所示。

表 8-4　　PreparedStatement 接口 setXXX 方法

方法	SQL 类型
setASCIIStream	产生一个 LONGVARCHAR 型的 ASCII 流
setBigDecimal	NUMERIC
setBinaryStream	LONGVARBINARY
setBoolean	BIT
setByte	TINYINT
setBytes	VARBINARY 或 LONGVARBINARY （大小取决于对 VARBINARY 的限制）

续表

方法	SQL 类型
setDate	DATE
setDouble	DOUBLE
setFloat	FLOAT
setInt	INTEGER
setLong	BIGINT
setNull	NULL
setObject	在发送之前，转换为目标 SQL 类型的给定对象
setShort	SMALLINT
setString	VARCHAR 或 LONGVARCHAR（大小取决于驱动程序对 VARCHAR 的限制）
setTime	TIME
setTimestamp	TIMESTAMP

【例 8-6】利用 PreparedStatement 实现对用户表的增、删、改、查操作。

```
import   java.sql.Connection;
import   java.sql.PreparedStatement;
import   java.sql.SQLException;
import   java.sql.Timestamp;
import   java.util.Date;
public class UserDaoPreparedStatement {
    //插入操作
    public static void insert(String name, int age, Date birth) throws SQLException {
        Connection conn = null;
        PreparedStatement ps = null;
        try {
            conn = DBUtil.getConnection();
            String sql = "insert into t_user values(null,?,?,?,?)";
            ps = conn.prepareStatement(sql);
            // 设置参数，有几个“?”就需要设置几个参数值
            ps.setString(1, name);
            ps.setInt(2, age);
            ps.setTimestamp(3, new Timestamp(birth.getTime()));
            ps.setString(4, pwd);
            int result = ps.executeUpdate();
            if (result > 0) {
                System.out.println("insert  成功");
            } else {
                System.out.println("insert  失败");
            }
        } finally {
            DBUtil.close(ps, conn);
        }
```

```
	}
	public static void main(String[] args) throws SQLException {
		insert("hello", 23, new Date(), "888");
	}
}
```

例 8-6 展示了插入操作，实际项目中经常使用 MVC（Model View Controller）分层思想实现对数据库的操作，MVC 模式中的 Model（模型）在应用程序中用于处理应用程序业务逻辑；View（视图）在应用程序中处理数据显示，通常视图是依据模型数据创建的；Controller（控制器）在应用程序中协调 Model 组件和 View 组件，通常控制器负责从视图读取数据，控制用户输入，并向模型发送数据。

【例 8-7】使用 MVC 思想进行 DAO（数据访问对象）设计与框架搭建。

定义 User 类，把用户表封装成实体。

```
import  java.util.Date;
public class User {
	private String id;
	private String name;
	private int age;
	private Date birth;
	public User(){
	}
	public User(String id, String name, int age, Date birth) {
		super();
		this.id = id;
		this.name = name;
		this.age = age;
		this.birth = birth;
	}
	public int getAge() {
		return age;
	}
	public void setAge(int age) {
		this.age = age;
	}

	public String getId() {
		return id;
	}
	public void setId(String id) {
		this.id = id;
	}
	public String getName() {
		return  name;
	}
	public void setName(String name) {
```

```
            this.name = name;
        }

        public Date getBirth() {
            return birth;
        }

        public void setBirth(Date birth) {
            this.birth = birth;
        }
    }
```

对于数据库的每一张表，都要定义一个数据访问类，先定义访问用户表的接口 UserDao。

```
import java.lang.Exception;
import java.util.List;
public interface UserDao {
    public boolean insert(User user) throws Exception;   //添加用户
    public boolean update(User user) throws Exception;   //更新用户信息
    public boolean delete(String id) throws Exception;   //根据用户 ID 删除用户
    public List<User> query() throws Exception;   //查询当前所有用户
    public User queryById(String id)throws Exception;   //根据用户 ID 查询当前用户信息
}
```

之所以定义一个数据访问的接口，是因为面向接口编程，能够起到封装和解耦合的作用，而面向具体类编程，当类中的方法改变时，调用它的类也要相应做出变更，所以面向对象的核心编程思想是更多地采用面向接口编程。下面是访问数据库接口的实现类。

```
import   java.sql.Connection;
import   java.sql.PreparedStatement;
import   java.sql.ResultSet;
import   java.util.ArrayList;
import   java.util.Date;
import   java.util.List;
public class UserDaoJdbcImpl implements UserDao{
        public List<User> query() throws Exception {
        List<User> users = new ArrayList<User>();
        Connection conn = null;
        PreparedStatement ps   = null;
        ResultSet rs = null;
        try{
            conn = DBUtil.getConnection();
            String sql = "select id,name,age,birth from t_user";
            ps = conn.prepareStatement(sql);
            rs = ps.executeQuery();
            //遍历结果集，并将数据封装到 list 中
            User u = null;
```

```
            while(rs.next()){
                String id = rs.getString(1);
                String name = rs.getString(2);
                int age = rs.getInt(3);
                Date birth = rs.getDate(4);
                u = new User(id,name,age,birth);
                users.add(u);
            }
        }finally{
            DBUtil.close(rs,ps, conn);
        }
        return users;
    }
    public User queryById(String id) throws Exception {
        User user = null;;
        Connection conn = null;
        PreparedStatement ps    = null;
        ResultSet rs = null;
        try{
            conn = DBUtil.getConnection();
            String sql = "select id,name,age,birth from t_user where id=?";
            ps = conn.prepareStatement(sql);
            ps.setString(1, id);
            rs = ps.executeQuery();
            //遍历结果集，并将数据封装到 list 中
            if(rs.next()){
                String name = rs.getString(2);
                int age = rs.getInt(3);
                Date birth = rs.getDate(4);
                user = new User(id,name,age,birth);
            }
        }finally{
            DBUtil.close(rs,ps, conn);
        }
            return user;
        }

        public boolean insert(User user) throws Exception {
            return false;
        }

        public boolean update(User user) throws Exception {
            return false;
```

```
    }

    public boolean delete(String id) throws Exception {
        return false;
    }
}
```

在测试类中，通过调用接口中的方法实现数据库的查询操作。

```
import  java.util.Date;
import  java.util.List;
import  com.dao.User;
import  com.dao.UserDao;
import  com.dao.UserDaoJdbcImpl;
public class Test {
    public static void main(String[] args) throws Exception {
        UserDao dao = new UserDaoJdbcImpl();
        List<User> users = dao.query();
        for (User u : users) {
            System.out.println(u.getId() + ":" + u.getName() + ":" + u.getAge()
                    + ":" + u.getBirth());
        }
    }
}
```

在使用 PreparedStatement 对象执行 SQL 命令时，命令被数据库进行解析和编译，然后被放到命令缓冲区。每当执行同一个 PreparedStatement 对象时，它就会被再解析一次，但不会被再次编译。在缓冲区中可以发现预编译的命令，并且可以重新使用。在有大量用户的企业级应用软件中，经常会重复执行相同的 SQL 命令，使用 PreparedStatement 对象带来的编译次数的减少能够提高数据库的总体性能。如果不是在客户端创建、预备、执行 PreparedStatement 任务需要的时间长于 Statement 任务，建议在除动态 SQL 命令之外的所有情况下使用 PreparedStatement 对象。相对于 Statement，PreparedStatement 的优点如下。

（1）可动态设置参数。

（2）增加了预编译功能。

（3）提高执行速度。

8.4 用 JDBC 连接不同的数据库

JDBC 是一套数据库连接的标准，所以连接其他关系型数据库也都大同小异，主要存在以下两点区别。

（1）数据库驱动路径不同。

（2）连接数据库的 url 不同。

以下是各种数据库的 JDBC 连接方式。

（1）Oracle 数据库

```
Class.forName("oracle.jdbc.driver.OracleDriver");
String url = "jdbc:oracle:thin:@localhost:1521:test";//取得连接的 url
String userName = " scott "; //使用能访问 Oracle 数据库的用户名 root
```

```
String password = " tiger "; //使用口令
Connectioncon=DriverManager.getConnection(url,userName,password);
```

（2）DB2 数据库

```
Class.forName("com.ibm.jdbc.app.DB2Driver");
String url="jdbc:db2://localhost:5000:sample";// sample 为数据库名
String user="admin";
String password="";
Connection con=DriverManager.getConnection(url,user,password);
```

（3）Sybase 数据库

```
Class.forName("com.sybase.jdbc.SybDriver");
String url="jdbc: Sybase:Tds:localhost:5007//sample";// sample 为数据库名
Properties sysProps=System.getProperties();
sysProps.put("user", "userid");
sysProps.put("password", "user_password");
Connection con=DriverManager.getConnection(url, sysProps);
```

（4）SQLServer 数据库

```
Class.forName("Com.microsoft.jdbc.sqlserver.SQLServerDriver");
String url="Jdbc:Microsoft:sqlserver://localhost:1433//sample"; //sample 为数据库名
String user="admin";
String password="admin";
Connection con=DriverManager.getConnection(url,user,password);
```

8.5 本章小结

本章介绍了 Java 数据库编程的基本知识，重点介绍了 JDBC 的概念、工作原理和 Java 程序中访问数据库的步骤。

8.6 本章习题

（1）简述 Class.forName()的作用。
（2）JDBC API 提供的类或接口主要有哪些?
（3）简述你对 Statement、PreparedStatement、CallableStatement 的理解。
（4）简述 JDBC 提供的连接数据库的几种方法。
（5）用 JDBC 编写能够实现数据库连接和断开的程序代码。
（6）什么是 JDBC，在什么时候会用到它?

第 9 章

Java 8 新特性

09

内容导学

Java 语言本身已经比较完善了，不完善的功能很多比较难实现或者是依赖于某些底层（例如操作系统）的功能。Java 8 已经发布很久了，它是一次重大的版本升级，Java 8 主要增加的功能是：① Lambda 表达式——允许把函数作为一个方法的参数（函数作为参数传递到方法中）。② 方法引用——提供了非常有用的语法，可以直接引用已有 Java 类或对象（实例）的方法或构造器。与 Lambda 联合使用，方法引用可以使语言的构造更紧凑、简洁，减少冗余代码。③ 默认方法——就是在接口中有了具体实现的方法。④ Stream API——新添加的 Stream API（java.util.stream）把真正的函数式编程风格引入 Java 语言中。⑤ Date Time API——加强对日期与时间的处理。本章将对 Java 8 的常用新特性进行简单介绍。

学习目标

① 了解 Java 8 的新特性。
② 掌握 Lambda 表达式的用法。
③ 掌握函数式接口的用法。
④ 掌握方法应用的用法。
⑤ 掌握接口的默认方法和静态方法。

Oracle 公司于 2014 年 3 月 18 日发布 Java 8，Java 8 是自 Java 5（发布于 2004 年）之后最重要的版本。这个版本包含语言、编译器、库、工具和 JVM 等方面的 10 多个新特性。本章将介绍这些新特性，并用实际的例子说明在什么场景下适合使用它们。

Java 语言支持函数式编程，新的 JavaScript 引擎、新的日期 API、新的 Stream API 等，下面简单介绍一下 Java 8 主要的新特性。

（1）Lambda 表达式：允许把函数作为一个方法的参数（函数作为参数传递到方法中）。

（2）方法引用：提供了非常有用的语法，可以直接引用已有 Java 类或对象（实例）的方法或构造器。与 Lambda 联合使用，方法引用可以使语言的构造更紧凑、简洁，减少冗余代码。

（3）默认方法：就是在接口中有了具体实现的方法。

（4）新工具：新的编译工具，例如，Nashorn 引擎 jjs、类依赖分析器 jdeps。

（5）Stream API：新添加的 Stream API（java.util.stream）将真正的函数式编程风格引入 Java 语言中。

（6）Date Time API：加强对日期与时间的处理。

（7）Optional 类：Optional 类已经成为 Java 8 类库的一部分，用来解决空指针异常问题。

（8）Nashorn JavaScript 引擎：Java 8 提供了一个新的 Nashorn JavaScript 引擎，它允许用户在 JVM 上运行特定的 JavaScript 应用。

9.1 Lambda 表达式和函数式接口

1. Lambda 表达式与实例

Lambda 表达式（也称为闭包）允许用户将函数当成参数传递给某个方法，或者把代码本身当作数据进行处理。很多 JVM 平台上的语言（Groovy、Scala 等）从诞生之日就支持 Lambda 表达式，但是 Java 语言开发者没有选择，只能使用匿名内部类代替 Lambda 表达式。Lambda 表达式可以实现简洁而紧凑的语言结构。

Lambda 表达式的语法格式如下。

```
(parameters) -> expression
```

或

```
(parameters) ->{ statements; }
```

以下是 Lambda 表达式的重要特征。

（1）可选类型声明：不需要声明参数类型，编译器可以统一识别参数值。

（2）可选的参数圆括号：当有一个参数时，无须定义圆括号，但有多个参数时，需要定义圆括号。

（3）可选的大括号：如果主体包含一个语句，就不需要使用大括号。

（4）可选的返回关键字：如果主体只有一个表达式返回值，则编译器会自动返回值，大括号需要指明表达式返回了一个数值。

最简单的 Lambda 表达式可由逗号分隔的参数列表、“->”符号和语句块组成，例如，

```
Arrays.asList( "a", "b", "d" ).forEach( e -> System.out.println( e ) );
```

上面代码中的参数 e 的类型是由编译器推理得出的，也可以显式指定该参数的类型，例如，

```
Arrays.asList( "a", "b", "d" ).forEach( ( String e ) -> System.out.println( e ) );
```

如果 Lambda 表达式需要更复杂的语句块，则可以使用花括号将该语句块括起来，类似于 Java 语言中的函数体，例如，

```
Arrays.asList( "a", "b", "d" ).forEach( e -> {
    System.out.print( e );
    System.out.print( e );
} );
```

Lambda 表达式可以引用类成员和局部变量（它会将这些变量隐式转换成 final），例如，下列两个代码块的效果完全相同。

```
String separator = ",";
Arrays.asList( "a", "b", "d" ).forEach(
    ( String e ) -> System.out.print( e + separator ) );
final String separator = ",";
Arrays.asList( "a", "b", "d" ).forEach(
    ( String e ) -> System.out.print( e + separator ) );
```

Lambda 表达式有返回值，返回值的类型也由编译器推理得出。如果 Lambda 表达式中的语句块只有一行，则可以不使用 return 语句，下列两个代码片段效果相同。

```
Arrays.asList( "a", "b", "d" ).sort( ( e1, e2 ) -> e1.compareTo( e2 ) );
```

和

```
Arrays.asList( "a", "b", "d" ).sort( ( e1, e2 ) -> {
    int result = e1.compareTo( e2 );
    return result;
} );
```

【例 9-1】 定义两个方法，一个方法使用 Java 7 的匿名函数实现对一个字符串数组中的若干个字符串进行排序，另一个方法使用 Java 8 的 Lambda 表达式对一个字符串数组中的若干个字符串进行排序，在主方法中创建一个字符串数组，分别调用以上两个方法对其进行排序。

```
import java.util.ArrayList;
```

```
import java.util.Collections;
import java.util.Comparator;
import java.util.List;
public class TestLambda {
    public void sortUsingJava8(List<String> names) {
        Collections.sort(names, (s1, s2) -> s1.compareTo(s2));
    }
    public void sortUsingJava7(List<String> names) {
        Collections.sort(names, new Comparator<String>() {
            @Override
            public int compare(String s1, String s2) {
                return s1.compareTo(s2);
            };
        });
    }
    public static void main(String[] args) {
        TestLambda t = new TestLambda();
        List<String> list = new ArrayList<String>();
        list.add("Google");
        list.add("Taobao");
        list.add("Facebook");
        list.add("Tencent");
        list.add("Amoze");
        t.sortUsingJava7(list);
        System.out.println("java 7 sorted " + list);
        t.sortUsingJava8(list);
        System.out.println("java 8 sorted " + list);
    }
}
```

程序运行结果如下。

```
java 7 sorted [Amoze, Facebook, Google, Taobao, Tencent]
java 8 sorted [Amoze, Facebook, Google, Taobao, Tencent]
```

程序说明：在对字符串进行比较时使用 Lambda 表达式替换了 Java 7 中的匿名函数，使程序代码更加简洁和紧凑。

2. 函数式接口

Lambda 的设计者们为了让现有的功能与 Lambda 表达式良好兼容，考虑了很多方法，于是产生了函数接口这个概念。函数接口指的是只有一个函数的接口，这样的接口可以隐式转换为 Lambda 表达式。java.lang.Runnable 和 java.util.concurrent.Callable 是函数式接口的最佳例子。函数式接口使用说明如下。

（1）函数式接口是一个接口，符合 Java 语言接口的定义。

（2）函数式接口只包含一个抽象方法的接口。

（3）函数式接口可以包含其他的 default()方法、static()方法和 private()方法。

（4）由于只有一个未实现的方法，因此，Lambda 表达式可以自动填上这个尚未实现的方法。

（5）采用 Lambda 表达式，可以自动创建出一个（伪）嵌套类的对象（没有实际的嵌套类 class 文件产生），然后使用该对象，这比真正嵌套类更加轻量，更加简洁、高效。

【例 9-2】函数式接口应用实例。

```
import java.util.Arrays;
public class Java8Tester {
    public static void main(String args[]) {
        Java8Tester tester = new Java8Tester();
        // 类型参数声明
        MathOperation addition = (int a, int b) -> a + b;
        // 不用类型声明
        MathOperation subtraction = (a, b) -> a - b;
        // 大括号中的返回语句
        MathOperation multiplication = (int a, int b) -> {
            return a * b;
        };
        // 没有大括号及返回语句
        MathOperation division = (int a, int b) -> a / b;
        System.out.println("10 + 5 = " + tester.operate(10, 5, addition));
        System.out.println("10 - 5 = " + tester.operate(10, 5, subtraction));
        System.out.println("10 x 5 = " + tester.operate(10, 5, multiplication));
        System.out.println("10 / 5 = " + tester.operate(10, 5, division));
        // 不用括号
        GreetingService greetService1 = message -> System.out.println("Hello " +
        message);
        // 用括号
        GreetingService greetService2 = (message) -> System.out.println("Hello " +
        message);
        greetService1.sayMessage("Runoob");
        greetService2.sayMessage("Google");
    }
    interface MathOperation {
        int operation(int a, int b);
    }
    interface GreetingService {
        void sayMessage(String message);
    }
    private int operate(int a, int b, MathOperation mathOperation) {
        return mathOperation.operation(a, b);
    }
}
```

程序运行结果如下。

```
10 + 5 = 15
10 - 5 = 5
```

```
10 x 5 = 50
10 / 5 = 2
Hello Runoob
Hello Google
```

程序说明：使用 Lambda 表达式需要注意以下两点。

（1）Lambda 表达式主要用来定义行内执行的方法类型接口，例如，一个简单的方法接口。在例 9-2 中，使用各种类型的 Lambda 表达式来定义 MathOperation 接口的方法，然后定义了 sayMessage()方法的执行。

（2）Lambda 表达式避免了使用匿名方法的麻烦，并且给予 Java 语言简单但是强大的函数化的编程能力，Lambda 表达式主要用来定义行内方法执行的类型接口。

在实践中，函数式接口非常脆弱，只要某个开发者在该接口中添加一个函数，该接口就不再是函数式接口，进而会导致编译失败。为了克服这种代码层面的脆弱性，并显式说明某个接口是函数式接口，Java 8 提供了一个特殊的注解@FunctionalInterface（Java 库中的所有相关接口都已经带有这个注解了），一个简单的函数式接口的定义如下。

```
@FunctionalInterface
public interface Functional {
    void method();
}
```

有一点需要注意，默认方法和静态方法不会破坏函数式接口的定义，因此，下面的代码是合法的。

```
@FunctionalInterface
public interface FunctionalDefaultMethods {
    void method();
    default void defaultMethod() {
    }
}
```

Lambda 表达式作为 Java 8 的最大亮点，它有潜力吸引更多的开发者加入 JVM 平台，并在纯 Java 编程中使用函数式编程的概念。

3. 变量作用域

Lambda 表达式只能引用标记了 final 的外层局部变量，这意味着，不能在 Lambda 表达式内部修改定义在域外的局部变量，否则会出现编译错误。

【例 9-3】变量作用域应用实例，访问类的常量属性。

```
public class Java8Test2 {
    final static String salutation = "Hello! ";
    public static void main(String args[]) {
        GreetingService greetService1 = message -> System.out.println (salutation +
         message);
        greetService1.sayMessage("Bowen");
    }
    interface GreetingService {
    void sayMessage(String message);
    }
}
```

程序运行结果如下。

```
Hello! Bowen
```

我们也可以直接在 Lambda 表达式中访问外层的局部变量。

【例 9-4】变量作用域应用实例，访问外层的局部变量。

```
public class Java8Test3 {
    public static void main(String args[]) {
        final int num = 1;
        Converter<Integer, String> s = (param) -> System.out.println(String.valueOf
        (param + num));
        s.convert(2);  // 输出结果为 3
    }
    public interface Converter<T1, T2> {
        void convert(int i);
    }
}
```

程序运行结果如下。

```
3
```

Lambda 表达式的局部变量可以不必声明为 final，但是程序后面的代码同样不可以修改这个局部变量，其具有隐性 final 的语义。

```
int num = 1;
Converter<Integer, String> s = (param) -> System.out.println(String.valueOf(param + num));
s.convert(2);
num = 5;  //如果去掉此语句，则不会报错
```

以上代码会报错，报错信息为："Local variable num defined in an enclosing scope must be final or effectively final"。

在 Lambda 表达式中，不允许声明一个与局部变量同名的参数或者局部变量。

```
String first = "";
Comparator<String> comparator = (first, second) -> Integer.compare(first.length(),
second.length());  //编译会出错
```

9.2 方法引用

方法引用使开发者可以直接引用现存的方法、Java 类的构造方法或者实例对象。方法引用和 Lambda 表达式配合使用，使 Java 类的构造方法看起来紧凑而简洁，没有过多复杂的模板代码。

方法引用使用一对冒号"::"，其形式如下。

（1）Class::staticMethod，如 Math::abs 方法，等价于提供方法参数的 Lambda 表达式。

例如，Math::abs 等价于 x -> Math.abs(x)。

（2）Class::instanceMethod，如 String::compareToIgnoreCase 方法。

（3）object::instanceMethod，如 System.out::println 方法。

（4）支持 this::instanceMethod 调用。

（5）支持 super::instanceMethod 调用。

（6）Class::new，调用某类构造方法，支持单个对象构建。

（7）Class[]::new，调用某类构造方法，支持数组对象构建。

在下面的例子中，Car 类是通过不同方法引用的，可以帮助读者区分 4 种类型的方法引用。

```
public class Car {
//Supplier 是 JDK1.8 的接口，这里和 Lambda 一起使用了
    public static Car create( final Supplier< Car > supplier ) {
        return supplier.get();
    }

    public static void collide( final Car car ) {
        System.out.println( "Collided " + car.toString() );
    }

    public void follow( final Car another ) {
        System.out.println( "Following the " + another.toString() );
    }

    public void repair() {
        System.out.println( "Repaired " + this.toString() );
    }
}
```

第 1 种方法引用的类型是构造器引用，语法是 Class::new，或者更一般的形式：Class<T>::new。注意，该构造器没有参数。

```
final Car car = Car.create( Car::new );
final List< Car > cars = Arrays.asList( car );
```

第 2 种方法引用的类型是静态方法引用，语法是 Class::static_method。注意，该方法接受一个 Car 类型的参数。

```
cars.forEach( Car::collide );
```

第 3 种方法引用的类型是某个类的成员方法的引用，语法是 Class::method，注意，该方法没有定义传入参数。

```
cars.forEach( Car::repair );
```

第 4 种方法引用的类型是某个实例对象的成员方法的引用，语法是 instance::method。注意，该方法接受一个 Car 类型的参数。

```
final Car police = Car.create( Car::new );
cars.forEach( police::follow );
```

【例 9-5】4 种形式的方法引用综合实例。

```
import java.util.Arrays;
import java.util.List;
class Car {
    @FunctionalInterface
    public interface Supplier<T> {
        T get();
    }

    // Supplier 是 JDK1.8 的接口
    public static Car create(final Supplier<Car> supplier) {
```

```
            return supplier.get();
        }

        public static void collide(final Car car) {
            System.out.println("Collided " + car.toString());
        }

        public void follow(final Car another) {
            System.out.println("Following the " + another.toString());
        }

        public void repair() {
            System.out.println("Repaired " + this.toString());
        }

    }

    public class JavaTest4 {
        public static void main(String[] args) {
            // 构造器引用：它的语法是 Class::new，或者更一般的 Class< T >::new，实例如下：
            Car car = Car.create(Car::new);
            Car car1 = Car.create(Car::new);
            Car car2 = Car.create(Car::new);
            Car car3 = new Car();
            List<Car> cars = Arrays.asList(car, car1, car2, car3);
            System.out.println("============构造器引用=======");
            // 静态方法引用：它的语法是 Class::static_method，实例如下：
            cars.forEach(Car::collide);
            System.out.println("===============静态方法引用===================");
            // 特定类的任意对象的方法引用：它的语法是 Class::method，实例如下：
            cars.forEach(Car::repair);
            System.out.println("============特定类的任意对象的方法引用============");
            // 特定对象的方法引用：它的语法是 instance::method，实例如下：
            final Car police = Car.create(Car::new);
            cars.forEach(police::follow);
            System.out.println("================特定对象的方法引用=============");

        }

    }
```

程序运行结果如下。

```
============构造器引用=======
Collided advance.chap09.Car@3e3abc88
```

```
Collided advance.chap09.Car@6ce253f1
Collided advance.chap09.Car@53d8d10a
Collided advance.chap09.Car@e9e54c2
===============静态方法引用===================
Repaired advance.chap09.Car@3e3abc88
Repaired advance.chap09.Car@6ce253f1
Repaired advance.chap09.Car@53d8d10a
Repaired advance.chap09.Car@e9e54c2
===========特定类的任意对象的方法引用============
Following the advance.chap09.Car@3e3abc88
Following the advance.chap09.Car@6ce253f1
Following the advance.chap09.Car@53d8d10a
Following the advance.chap09.Car@e9e54c2
================特定对象的方法引用==============
```

【例 9-6】静态方法引用实例。

```
public class TestStaticMethod {
    interface NumFunction {
        double calculate(double num);
    }

    public static double worker(NumFunction nf, double num) {
        return nf.calculate(num);

    }

    public static void main(String[] args) {
        double a = -5.3;
        double b = worker(Math::abs, a);
        System.out.println(b);
        double c = worker(Math::floor, a);
        System.out.println(c);

    }

}
```

程序运行结果如下。

```
5.3
-6.0
```

【例 9-7】实例方法引用实例。

```
import java.util.Arrays;
public class TestInstanceMethod {
    public static void main(String[] args) {
        String[]planets=new String[] {"Mercury","Venus","Earth","Mars",
```

```
                        "Jupiter","Saturn","Uranus","Neptune"};

        Arrays.sort(planets, String::compareToIgnoreCase);
        System.out.println(Arrays.toString(planets));
    }
}
```

程序运行结果如下。

```
[Earth, Jupiter, Mars, Mercury, Neptune, Saturn, Uranus, Venus]
```

程序说明：String::compareToIgnoreCase 等价于(x,y)->x. compareToIgnoreCase(y)。

【例 9-8】使用 this 与 super 引用实例方法。

```
import java.util.Arrays;
public class TestthisInstanceMethod extends Father {
    public static void main(String[] args) {
        TestthisInstanceMethod t=new TestthisInstanceMethod();
        t.test();

    }
    public void test() {
        String[]planets=new String[] {"Mercury","Venus","Earth","Mars","Jupiter","Saturn",
                        "Uranus","Neptune"};
        Arrays.sort(planets,this::lengthCompare);
        System.out.println(Arrays.toString(planets));
        Arrays.sort(planets, super::lengthCompare);
        System.out.println(Arrays.toString(planets));
    }
    public int lengthCompare(String first,String second) {
        return first.length()-second.length();
    }
}
class Father {
    public int lengthCompare(String first, String second) {
        return first.length() - second.length();
    }
}
```

程序运行结果如下。

```
[Mars, Venus, Earth, Saturn, Uranus, Mercury, Jupiter, Neptune]
[Mars, Venus, Earth, Saturn, Uranus, Mercury, Jupiter, Neptune]
```

程序说明：本例使用 this 和 super 引用实例方法，其语句形式为：

```
Arrays.sort(planets,this::lengthCompare);
Arrays.sort(planets, super::lengthCompare);
```

9.3 接口的默认方法和静态方法

Java 8 使用两个新概念扩展了接口的含义：默认方法和静态方法。默认方法使开发者可以在不破坏二进制兼容性的前提下，向现存接口中添加新的方法，接口里的默认方法不强制那些实现该接口的类必须实现这个方法。默认方法和抽象方法之间的区别在于，抽象方法需要接口的实现类实现该抽象方法，而默认方法不需要接口的实现类实现该默认方法，接口提供的默认方法可以被接口的实现类继承或者重写。

```
private interface Defaulable {
    // Interfaces now allow default methods, the implementer may or
    // may not implement (override) them.
    default String notRequired() {
        return "Default implementation";
    }
}

private static class DefaultableImpl implements Defaulable {
}

private static class OverridableImpl implements Defaulable {
    @Override
    public String notRequired() {
        return "Overridden implementation";
    }
}
```

Defaulable 接口使用关键字 default 定义了一个默认方法 notRequired()。DefaultableImpl 类实现了这个接口，同时默认继承了这个接口中的默认方法；OverridableImpl 类也实现了这个接口，但覆写了该接口的默认方法，并提供了一个不同的实现。

Java 8 带来的另一个有趣的特性是在接口中可以定义静态方法，代码如下。

```
private interface DefaulableFactory {
    // Interfaces now allow static methods
    static Defaulable create( Supplier< Defaulable > supplier ) {
        return supplier.get();
    }
}
```

下面的代码片段整合了默认方法和静态方法的使用场景。

```
public static void main( String[] args ) {
    Defaulable defaulable = DefaulableFactory.create( DefaultableImpl::new );
    System.out.println( defaulable.notRequired() );
     defaulable = DefaulableFactory.create( OverridableImpl::new );
    System.out.println( defaulable.notRequired() );
}
```

这段代码的输出结果如下。

```
Default implementation
Overridden implementation
```

由于 JVM 上的默认方法的实现在字节码层面提供了支持，因此，效率非常高。默认方法允许在不打破现有继承体系的基础上改进接口。该特性在官方库中的应用是：给 java.util.Collection 接口添加新方法，如 stream()、parallelStream()、forEach()和 removeIf()等。

尽管默认方法有如此多好处，但在实际开发中应该谨慎使用，因为在复杂的继承体系中，默认方法可能引起歧义和编译错误。

【例 9-9】 Java 8 默认方法和静态方法引用实例。

```
public interface Vechile {
	default void print() {
		System.out.println("我是汽车");
	}
}
public interface FourWheel {
	default void print() {
		System.out.println("我是四轮汽车");
	}
	static void blowHorn() {
		System.out.println("吹喇叭");
	}
}
public class Car implements Vechile,FourWheel {
	@Override
	public void print() {
		FourWheel.super.print();
		Vechile.super.print();
		FourWheel.blowHorn();
		System.out.println(" 我是一辆小汽车");
	}

}
public class TestCar {
	public static void main(String[] args) {
		Car c=new Car();
		c.print();
	}
}
```

程序运行结果如下。

```
我是四轮汽车
我是汽车
吹喇叭
我是一辆小汽车
```

程序说明：一个类实现了多个接口，且这些接口有相同的默认方法，如本例中的 Car 类实现了

Vechile和FourWheel两个接口，两个接口中都有默认方法print()，那么Car类中使用哪个接口的print()方法呢？有两种解决方案，一是创建自己的默认方法，来覆盖重写接口的默认方法，二是可以使用 super 来调用指定接口的默认方法。

9.4 本章小结

本章主要介绍了 Java 8 的新特性，包括以下 3 个方面。Lambda 表达式与函数式接口——Lambda 表达式允许把函数作为一个方法的参数（函数作为参数传递到方法中），函数接口指的是只有一个函数的接口，这样的接口可以隐式转换为 Lambda 表达式；方法引用——提供了非常有用的语法，可以直接引用已有 Java 类或对象（实例）的方法或构造器，与 Lambda 表达式联合使用，方法引用可以使语言的构造更紧凑和简洁，减少冗余代码；默认方法——是一个在接口里面有了一个实现的方法。

9.5 本章习题

（1）函数式接口是（　　）。

（2）函数式接口的注解标识是（　　）。

（3）操作符“->”称为（　　）。

（4）Lambda 表达式也称为（　　）。

（5）Lambda 表达式必须有的符号是（　　）。

（6）接收一个数值型参数 x，返回其 2 倍值的 Lambda 表达式为（　　）。

（7）接收一个数值型参数 x，返回其开方值的 Lambda 表达式为（　　）。

（8）编写 People 接口，包含一个无参数的抽象方法 run()；编写 testPeople 类，在 main()方法中创建接口对象 p，使用 Lambda 表达式输出“People can run”，并调用 run()方法。

（9）编写 Animal 接口，包含一个有参数的抽象方法 jump()；编写 testAnimal 类，在 main()方法中创建接口对象 a，使用 Lambda 表达式输出“Animal can jump”，并调用 jump()方法。